中国工程造价咨询行业发展报告

（2019版）

主编◎中国建设工程造价管理协会　　参编◎武汉理工大学

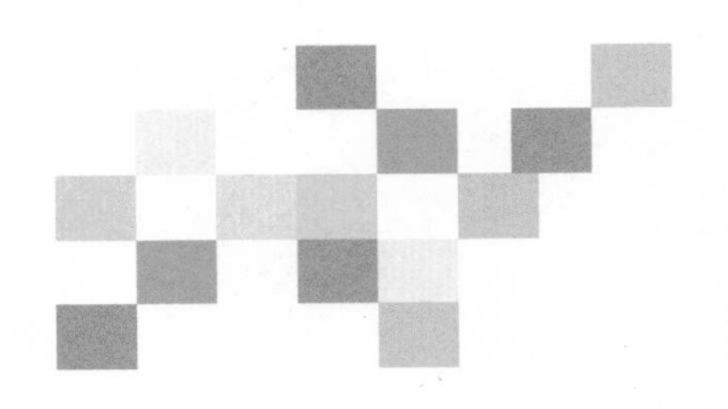

中国建筑工业出版社

图书在版编目（CIP）数据

中国工程造价咨询行业发展报告：2019版 / 中国建设工程造价管理协会主编．—北京：中国建筑工业出版社，2020.1

ISBN 978-7-112-24803-2

Ⅰ.①中… Ⅱ.①中… Ⅲ.①工程造价—咨询业—研究报告—中国—2019 Ⅳ.①TU723.3

中国版本图书馆 CIP 数据核字（2020）第 023491 号

责任编辑：赵晓菲 朱晓瑜 张智芊
责任校对：张惠雯

中国工程造价咨询行业发展报告
（2019版）
主编 中国建设工程造价管理协会
参编 武汉理工大学
*
中国建筑工业出版社出版、发行（北京海淀三里河路9号）
各地新华书店、建筑书店经销
逸品书装设计制版
北京市密东印刷有限公司印刷
*
开本：787×1092毫米 1/16 印张：9¼ 字数：135千字
2020年1月第一版 2020年1月第一次印刷
定价：**70.00**元
ISBN 978-7-112-24803-2
（35336）

编写委员会

主　编：

杨丽坤　中国建设工程造价管理协会　理事长

副主编：

张兴旺　中国建设工程造价管理协会　副秘书长

方　俊　武汉理工大学　教授

编写人员：

付建华　武汉市工程建设标准定额管理站　高级工程师

谢莎莎　湖北第二师范学院　副教授

李　萍　中国建设工程造价管理协会　副主任

张大平　北京求实工程管理有限公司　总经理

邹春明　凯谛思工程咨询（上海）有限公司　执行董事

吴虹鸥　捷宏润安工程顾问有限公司　董事长

林清锦　信永中和（北京）国际工程管理咨询有限公司　合伙人

刘　谦　广联达科技股份有限公司　副总裁

王海娜　天津广正建设项目咨询股份有限公司　总经理

张　博　吉林兴业建设工程咨询有限公司　总经理

叶　炯　湖北省工业建筑集团有限公司　教授级高级工程师

陈　涛　武汉市城市建设投资开发集团有限公司　高级工程师
李宏伟　中国建设工程造价管理协会　副主任
王诗悦　中国建设工程造价管理协会　工程师

主　审：

赵毅明　住房和城乡建设部标准定额司　副巡视员

审查人员：

张　磊　住房和城乡建设部标准定额司　副处长
王中和　中国建设工程造价管理协会　副理事长
谢洪学　中国建设工程造价管理协会专家委员会　常务副主任
郭婧娟　北京交通大学　副教授
董士波　中电联电力发展研究院　院长
李淑敏　信永中和（北京）国际工程管理咨询有限公司　总经理
金铁英　中建精诚工程咨询有限公司　总经理
吴玉珊　龙达恒信工程咨询有限公司　董事长
朱　坚　上海第一测量师事务所有限公司　总经理
魏　明　鸣森项目管理咨询有限公司　董事长
许威燕　中瑞华建工程项目管理（北京）有限公司　总经理

PREFACE 序

党的十九大报告中明确指出，我国经济已由高速增长阶段转向高质量发展阶段，这是以习近平同志为核心的党中央根据国际、国内环境变化，特别是我国发展条件和发展阶段变化作出的重大判断。建筑业是我国的支柱产业之一，对推动社会发展具有十分重要的地位和作用，工程造价作为建筑市场最基本的经济活动，其工作事关项目投资效益、建设市场秩序以及各方利益，是保障建设领域高质量发展的重要基础。当前强调高质量发展，工程造价行业需要通过改革创新，为中国工程建设可持续发展发挥积极作用。

围绕高质量发展的总体要求，深度推进工程造价管理供给侧结构性改革是住房和城乡建设部近年持续开展的重点工作，根据《国务院办公厅关于促进建筑业持续健康发展的意见》（国办发〔2017〕19号）和党的十九大再次强调的“价格机制是市场机制的核心，市场决定价格是市场在资源配置中起决定性作用的关键”“更好发挥政府作用”等要求，标准定额司提出以“市场化改革、国际化运行、信息化创新、法治化保障”为手段，坚持“以终为始、先立后破、试点先行”的原则，以实现工程造价管理改革“三个一”的目标，将造价确定从“套算”和“审减”中解放出来，建立“竞争”和“控制”形成造价的新机制。深化工程造价管理改革需要取得全行业的共识，坚定决心，大力推进，才能取得成效，才能为行业高质量发展奠定基础。

2019年3月，国家发展和改革委员会、住房和城乡建设部联合发布了《关于推进全过程工程咨询服务发展的指导意见》（发改投资规〔2019〕515号），充分肯定了推进全过程工程咨询服务发展的重要意义，鼓励咨询单位以多种形式的全过程工程咨询服务市场，以满足社会对综合性、跨阶段、一体化咨询服务的需求。推行全过程工程咨询服务模式是完善工程建设组织模式的一种手段，有利于深化投融资体制改革，提升固定资产投资决策科学化水平，提高投资效益、工程建设质量和运营效率，是改革的必经之路。工程造价咨询企业要紧跟形势，积极探索工程造价在全过程工程咨询中的关键作用，结合行业特点，发挥专业优势，拓展服务内容和服务范围，引导成本咨询、技术咨询和管理咨询的紧密结合，为企业向高质量发展寻求路径。

根据党的十九大对建设网络强国、数字中国、智慧社会所作出的战略部署，我国全面迈向数字化发展新阶段，工程造价咨询行业高度重视信息服务能力的提升和信息服务体系的构建。2019 年 5 月，中国建设工程造价管理协会和贵州省住房和城乡建设厅承办了 2019 年中国国际大数据产业博览会—工程造价分论坛，这是“数字造价”首次亮相国家级博览会，表明了工程造价领域探讨数字经济发展方向、推动数字化实践的决心，发布了行业第一本《数字造价管理》白皮书，提出全行业要共同努力，建立“共商、共建、共享”的数字造价生态圈。在数字化变革的大趋势下，工程造价咨询企业要充分利用不断形成和丰富的数据，加强信息资源积累、加工、循环和传递能力，以数据为突破口，充分参与市场化建设，用科技引领变革，提升企业的核心竞争力。

一直以来，住房和城乡建设部、中国建设工程造价管理协会积极响应国家“一带一路”倡议，致力于提升工程造价咨询行业的国际地位和影响力，创造多种平台和渠道，将国内的优秀企业、专业人士推向国际舞台。为更好地将“走出去”和“引进来”结合起来，吸收国际先进的管理经验与专业理念，学习国际上先进的技术标准和造价体系，住房和城乡建设部今年开展了“工程造价标准体系及与国外标准体系对比研究”等课题研究工作，推动我国计价规则与国际接轨，实现与“一带一路”国家工程造价数据共享。当今世界正面临百年未有之大变局，工程造价咨询企业要主动抓住“一带一路”倡议、粤港澳大湾区、雄安新区等重大机遇，顺势而为、乘势而上，形成国际视野和一流服务能力，积极“走出去”参与国际业务竞争。

2020 年是“十三五”规划的收官之年，也是全面建成小康社会、实现第一个百年奋斗目标的关键之年。知识更新不断加快、社会分工日益细化、新技术新模式新业态层出不穷的今天，既为工程造价咨询行业施展才华、竞展风采提供了广阔舞台，也对企业和从业人员的能力素质提出了更高的要求。如何更全面、客观地反映行业的发展现状，为行业内外了解工程造价咨询行业提供依据，同时指导行业健康有序发展，是《中国工程造价咨询行业发展报告》一直在思索的问题，因此 2019 年对本报告结构做了一些改版和创新，以提高其科学性、系统性和前瞻性。希望通过本书的出版，能为工程造价管理改革和工程造价咨询业务发展提供思路，助推我国工程造价咨询行业高质量发展再上新台阶！

住房和城乡建设部标准定额司

中国建设工程造价管理协会

CONTENTS 目录

第一章

行业发展总览

2018年是贯彻落实党的十九大精神的开局之年，是实施“十三五”规划承上启下的关键一年。当前，中国经济由高速增长转向高质量发展，新型城镇化、“一带一路”建设为固定资产投资、建筑业发展激发新的活力，建筑业体制机制改革和转型升级步伐不断加快。工程造价咨询行业坚持以供给侧结构性改革为主线，以追求质量和效益为目标，为推动行业高质量发展做出了不懈努力，取得了显著成效。

第一节　综合发展指标

2018年，全国共有8139家工程造价咨询企业，其中：甲级工程造价咨询企业4236家，乙级工程造价咨询企业3903家；从业人员537015人，营业收入1721.45亿元，人均营业收入32.06万元，近3年工程造价咨询业务收入占整体营业收入比重分别为49.5%、45%和44.9%；实现利润204.94亿元，人均利润3.82万元，利润率11.91%。全行业综合发展情况具体分析如下：

一、企业数量不断增加

目前我国工程造价咨询企业资质等级分为甲级、乙级两类。住房和城乡建设部统计数据显示，2018 年全国共有 8139 家工程造价咨询企业，比上年增长 4.3%。分布情况：甲级工程造价咨询企业 4236 家，增长 13.4%；乙级工程造价咨询企业 3903 家，减少 3.9%。专营工程造价咨询企业 2207 家，增长 12.5%；兼营工程造价咨询企业 5932 家，增长 1.6%。

2016 ～ 2018 年，全国工程造价咨询企业分类数量变化如图 1-1 所示。

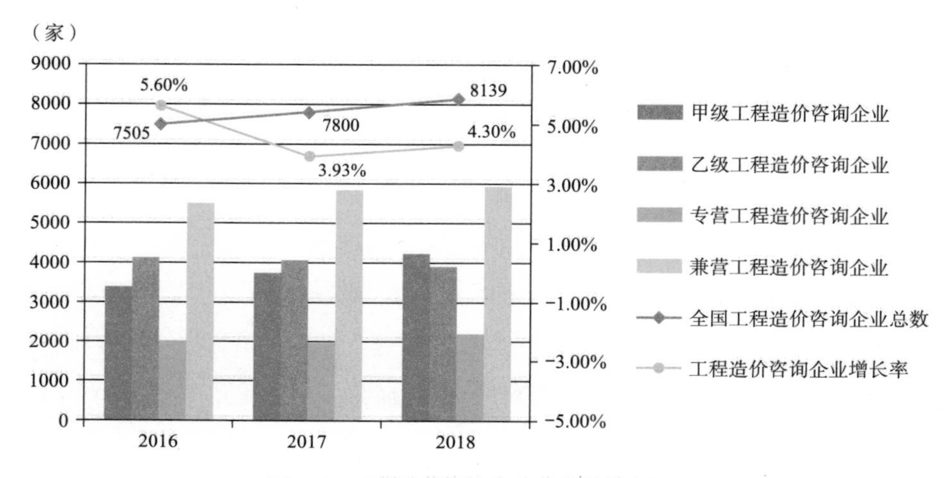

图 1–1　工程造价咨询企业分类数量变化

纵观近 3 年我国工程造价咨询业发展轨迹，企业总体规模仍在不断扩大，工程造价咨询企业数量逐年稳步上升，其中甲级工程造价咨询企业数量呈不断上升趋势，乙级工程造价咨询企业数量则呈下降趋势。此外，我国兼营工程造价咨询企业数量逐年上升，从一定程度上反映了我国工程造价咨询企业正不断向多元化方向发展。

二、从业人数稳步递增

2018 年末，全国工程造价咨询企业中共有从业人员 537015 人，比上年增长 5.8%。其中，正式聘用员工 497933 人，占 92.7%；临时聘用人员 39082 人，占 7.3%。

2016 ～ 2018 年，全国工程造价咨询企业从业人员数量统计及聘用情况变化如图 1-2 所示。

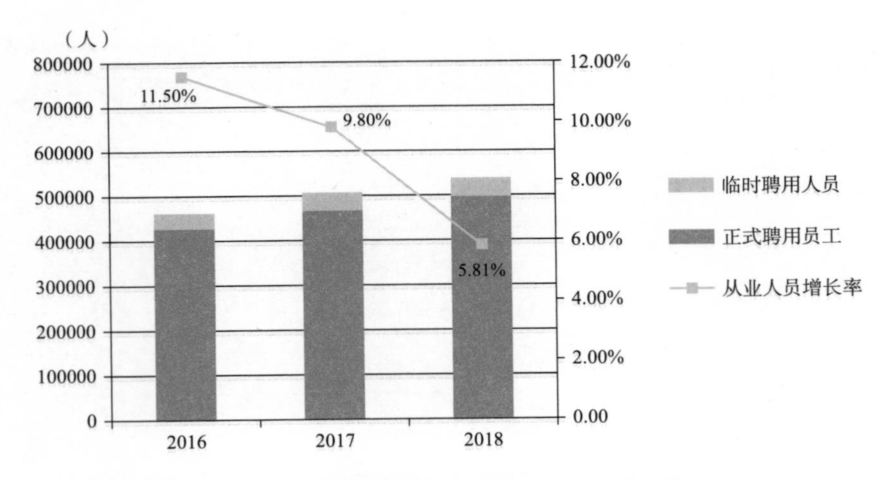

图 1–2　工程造价咨询企业从业人员数量及聘用情况

从近 3 年数据来看，随着行业规模的扩大，我国工程造价咨询企业从业人员队伍也在不断壮大，从业人员数量处于逐年增长的趋势，其中，正式聘用员工数量稳步增长。

2016～2018 年，全国各地区工程造价咨询企业从业人员数量统计情况如表 1-1 所示。

2016～2018 年各地区工程造价咨询企业从业人员数量统计表　　表 1-1

区域	省市	2016 年（人）	2017 年（人）	增长率（%）	2018 年（人）	增长率（%）
合计		462216	507521	9.80	537015	5.81
华北地区	北京	21206	28428	34.06	34123	20.03
	天津	4962	4093	−17.51	5910	44.39
	河北	13321	13860	4.05	15353	10.77
	山西	6519	7152	9.71	7569	5.83
	内蒙古	6699	7046	5.18	7571	7.45
	区域合计	52707	60579	14.94	70526	16.42
东北地区	辽宁	7103	7067	−0.51	7183	1.64
	吉林	5806	6256	7.75	6519	4.20
	黑龙江	5216	5644	8.21	3844	−31.89
	区域合计	18125	18967	4.65	17546	−7.49

续表

区域	省市	2016年（人）	2017年（人）	增长率（%）	2018年（人）	增长率（%）
华东地区	上海	16490	15831	-4.00	11609	-26.67
	江苏	24009	25197	4.95	27126	7.66
	浙江	26941	28030	4.04	30689	9.49
	安徽	17466	19550	11.93	20577	5.25
	福建	16116	17274	7.19	15829	-8.37
	江西	5969	6589	10.39	6835	3.73
	山东	27458	32265	17.51	34743	7.68
	区域合计	134449	144736	7.65	147408	1.85
华中地区	河南	15760	17753	12.65	19348	8.98
	湖北	11146	12059	8.19	13760	14.11
	湖南	11583	12716	9.78	12758	0.33
	合计	38489	42528	10.49	45866	7.85
华南地区	广东	29457	33300	13.05	38465	15.51
	广西	7597	9100	19.78	9661	6.16
	海南	2042	2133	4.46	2322	8.86
	区域合计	39096	44533	13.91	50448	13.28
西南地区	重庆	10006	10512	5.06	12126	15.35
	四川	38109	39492	3.63	42463	7.52
	贵州	7518	9267	23.26	10001	7.92
	云南	8700	8232	-5.38	8284	0.63
	西藏	246	—	—	152	—
	区域合计	64579	67503	4.53	73026	8.18
西北地区	陕西	11784	14363	21.89	15339	6.80
	甘肃	10257	11359	10.74	10447	-8.03
	青海	1315	1211	-7.91	1350	11.48
	宁夏	2418	2795	15.59	2663	-4.72
	新疆	4947	5204	5.20	4843	-6.94
	区域合计	30721	34932	13.71	34642	-0.83
行业归口		84050	93743	11.53	97553	4.06

2018 年，工程造价咨询行业从业人数排名前三的省份分别是：四川 42463 人，广东 38465 人，山东 34743 人。

2016 ～ 2018 年，各地区从业人员数量总体上稳步上升，华北地区的天津从业人数变化幅度较大，增长率由 2017 年的 -17.51% 上升至 2018 年的 44.39%。西南地区工程造价咨询行业从业人数增速明显。

三、营业收入总体规模不断扩大

2018 年工程造价咨询企业的营业收入为 1721.45 亿元，比上年增长 17.2%。其中，工程造价咨询业务收入 772.49 亿元，比上年增长 16.8%，占全部营业收入的 44.9%。招标代理业务收入 176.59 亿元，占全部营业收入的 10.3%；建设工程监理业务收入 339.05 亿元，占全部营业收入的 19.7%；项目管理业务收入 326.57 亿元，占全部营业收入的 19.0%；工程咨询业务收入 106.76 亿元，占全部营业收入的 6.2%。

2016 ～ 2018 年，我国工程造价咨询企业的营业收入分别为 1203.76 亿元、1469.14 亿元、1721.45 亿元，比上一年分别增长 11.89%、22.05%、17.2%。

2016 ～ 2018 年全国工程造价咨询行业营业收入情况变化如图 1-3 所示。

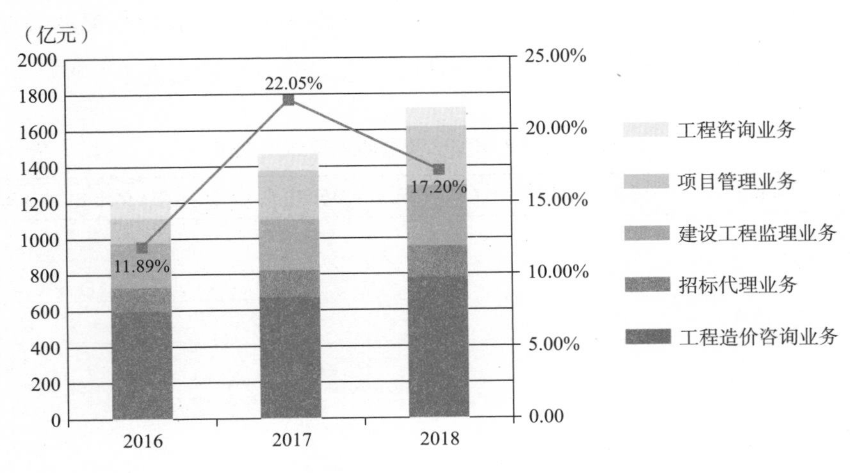

图 1–3 全国工程造价咨询行业营业收入情况变化

2018年，我国国民经济平稳运行，固定资产投资回暖，为工程造价咨询企业提供了良好的需求环境。工程造价咨询企业总体呈健康发展势头，企业年总收入呈持续增长态势。

2016～2018年工程造价咨询企业各类业务营业收入分布如图1-4所示。

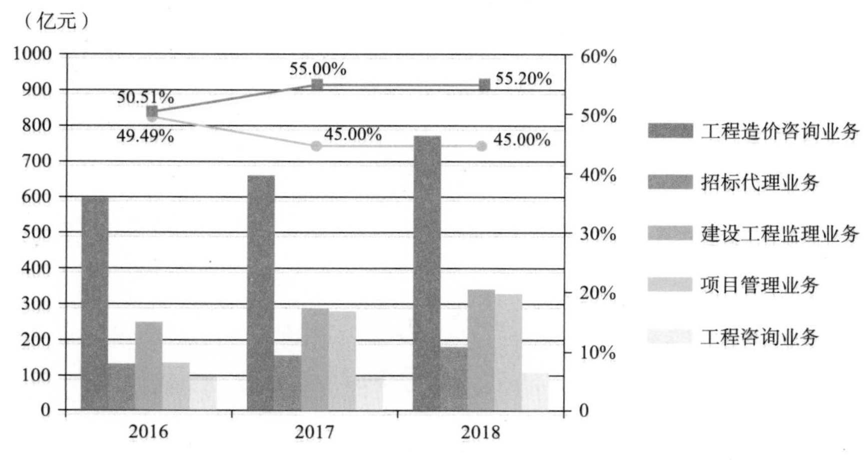

图1–4 全国工程造价咨询企业营业收入分布图

2016～2018年，工程造价咨询业务收入占整体营业收入比重分别为49.5%、45%、44.9%，占比连续三年低于50%。企业多元化发展势头稳定，工程造价咨询企业转型发展已成常态，大部分工程造价咨询企业选择多元化战略拓展业务。

2016～2018年，全国各地整体营业收入水平汇总结果如表1-2所示。

2016～2018年整体营业收入区域汇总表 表1-2

区域	省市	2016年（亿元）	2017年（亿元）	增长率（%）	2018年（亿元）	增长率（%）
合计		1203.76	1469.14	22.05	1721.45	17.17
华北地区	北京	79.29	94.64	19.36	137.70	45.50
	天津	13.70	14.05	2.55	20.14	43.35
	河北	27.02	28.74	6.37	32.71	13.81
	山西	12.52	13.74	9.74	15.64	13.83
	内蒙古	12.66	14.77	16.67	16.99	15.03
	区域平均	29.04	33.19	14.29	44.64	34.49

续表

区域	省市	2016年（亿元）	2017年（亿元）	增长率（%）	2018年（亿元）	增长率（%）
东北地区	辽宁	12.32	12.73	3.33	14.47	13.67
	吉林	14.15	16.52	16.75	14.12	-14.53
	黑龙江	9.90	10.17	2.73	7.60	-25.27
	区域平均	12.12	13.14	8.39	12.06	-8.19
华东地区	上海	68.95	73.17	6.12	82.24	12.40
	江苏	93.71	107.18	14.37	148.01	38.09
	浙江	79.52	80.70	1.48	99.86	23.74
	安徽	35.11	40.29	14.75	46.15	14.54
	福建	25.78	30.62	18.77	29.94	-2.22
	江西	15.03	16.25	8.12	18.87	16.12
	山东	56.71	67.71	19.40	83.70	23.62
	区域平均	53.54	59.42	10.97	72.68	22.32
华中地区	河南	28.42	31.78	11.82	56.65	78.26
	湖北	24.51	29.33	19.67	66.52	126.80
	湖南	31.70	42.11	32.84	37.65	-10.59
	区域平均	28.21	34.41	21.97	53.61	55.80
华南地区	广东	73.00	87.84	20.33	103.67	18.02
	广西	15.36	18.19	18.42	21.28	16.99
	海南	3.94	4.14	5.08	5.16	24.64
	区域平均	30.77	36.72	19.36	43.37	18.10
西南地区	重庆	26.14	26.39	0.96	32.57	23.42
	四川	94.82	106.60	12.42	97.23	-8.79
	贵州	23.30	26.43	13.43	29.82	12.83
	云南	18.13	20.67	14.01	23.08	11.66
	西藏	0.65	—	—	0.38	—
	区域平均	32.61	45.02	38.07	36.62	-18.67
西北地区	陕西	27.18	36.68	34.95	40.40	10.14
	甘肃	14.50	18.39	26.83	16.73	-9.03
	青海	4.53	4.40	-2.87	4.44	0.91
	宁夏	5.11	5.33	4.31	5.16	-3.19
	新疆	11.70	12.87	10.00	13.34	3.65
	区域平均	12.60	15.53	23.25	16.01	3.09
行业归口		244.43	376.71	54.12	399.25	5.98

2016～2018年，全国大部分省市自治区工程造价咨询行业整体营业收入变化在小范围内波动。华北地区平均行业整体营业收入呈增长趋势，增长率由2017年的14.29%上升至2018年的34.49%；华中地区平均行业整体营业收入增幅明显，增长率上升了33.83个百分点；西北地区平均行业整体营业收入有所回落，增长率由2017年的23.25%下降至2018年的3.09%。

四、利润总额持续增长，增速有所回落

据统计，2018年全国工程造价咨询企业实现利润总额204.94亿元，上缴所得税合计43.02亿元。

2016～2018年，全国工程造价咨询企业实现利润总额分别为182.29亿元、194.19亿元、204.94亿元，分别比其上一年增长75.94%、6.53%、5.54%。

行业利润增速回落的主要原因是：随着全过程工程咨询模式的推进，更多相关咨询行业进入工程造价咨询领域，对行业利润增长带来一定的冲击；其次，工程造价咨询行业组织结构的变革，算量工作室等新业态的出现，同样影响了行业利润水平的增长；恶意低价竞争的顽症也是造成行业利润增速回落的重要诱因。

第二节　国际化

一、国际交流与合作

我国工程造价咨询行业积极响应国家“一带一路”倡议，将国际先进管理经验与专业理念吸收进来，帮助国内优秀企业和专业人士走出去，是推动行业国际化，提高国际影响力的重要举措。通过国际交流活动，展示中国工程造价咨询行业改革发展的理念和风貌，增强全行业在国际组织中的话语权和影响力，不断建立与各成员国组织更加紧密的联系和沟通渠道，促进各国之间专业信息的及时传

递与共享，在提升我国工程造价咨询行业在国际同业中地位的同时，也进一步推动国内工程造价咨询企业向国际化方向的发展。

中国建设工程造价管理协会（简称“中价协”）作为ICEC和PAQS两大国际工程造价专业组织的正式成员，率团带领全国各地优秀的工程造价咨询企业家、信息技术企业家以及高校工程造价学科知名教授等，出席在澳大利亚悉尼市举行的第11届国际工程造价联合会（ICEC）及第22届亚太区工料测量师协会（PAQS）大会等国际组织年度峰会，通过世界各国工程造价咨询行业的交流，共同探讨新技术对行业的冲击，促进各成员国工程造价咨询创新技术的应用、标准化水平的提升、高质量的发展，促进双方在专业领域的互动，为专业人士的交流与合作提供更多的便利。

二、国际工程造价咨询服务

中价协和部分国内工程造价咨询企业重视掌握国际工程造价行业动态信息，积极探索“走出去”实施路径，开展“一带一路”沿线国家建设项目工程造价管控思路和方法研究，搜集整理我国企业走出去开展海外工程项目管理的典型案例，为工程造价咨询企业拓展海外业务提供了可借鉴的操作方案。

中价协先后多次组织调研，开展国际化研究工作，特别是对工程造价咨询企业走出去后所面临的问题与风险，以及如何化解这些问题与风险开展研究，通过对我国对外承包国际工程造价管理和控制的主要方法和经验进行归纳、总结和对比分析，形成了一套可操作的国际工程造价确定与控制方法，为更多国内建筑相关企业“走出去”创造了有利条件。目前，已编撰《国际工程造价动态月报信息源调研报告》（第一期），为下一步国际化信息工作的开展奠定了基础。

据对北京、河北、广西、广东、江西、陕西、上海、四川、新疆、浙江和重庆等11个省市自治区工程造价咨询企业的问卷调查分析，2018年，该区域工程造价咨询企业共承揽国际工程造价咨询项目132个，比上年增长8.2%。统计数据表明，我国工程造价咨询企业国际化进程正呈现加速发展态势，特别是伴随着我国对“一带一路”沿线国家基础设施投资和产业开发不断向纵深推进，必将为工程造价咨询企业实施国际化战略提供更加广阔的市场空间。

第三节 人才队伍建设

2018年，中国工程造价咨询全行业积极贯彻党和国家科技兴国和人才强国战略，积极开展人才队伍建设工作，工程造价从业人员综合素质不断增强，工程造价咨询行业服务水平不断提升。

一、行业从业人员数量稳中有增，人才队伍建设持续向好

2018年末，工程造价咨询企业共有从业人员537015人，其中，注册造价工程师91128人，比上年增长3.6%，占全部工程造价咨询企业从业人员17.0%。工程造价咨询企业共有专业技术人员346752人，比上年增长2.1%，占全部工程造价咨询企业从业人员64.6%。其中，高级职称人员80041人，比上年增长3.3%；中级职称人员178398人，比上年增长2.9%；初级职称人员88313人，比上年下降0.5%；各层级职称人员占专业技术人员比例分别为23.1%、51.4%、25.5%。

2016～2018年工程造价咨询企业专业技术人员分布情况如图1-5所示。

从图中可见，2016～2018年我国工程造价咨询企业从业人员结构不断趋于优化，专业技术人员处于持续增长状态，虽然增速有所放缓，但更有利于广大工程造价咨询企业继续调整结构，建设一支能适应新时代咨询要求的专业人才队伍。

二、人才培养体系不断优化，各类培训活动成效显著

中价协发挥行业引领作用，带领各地协会推进人才队伍培养体系建设工作，

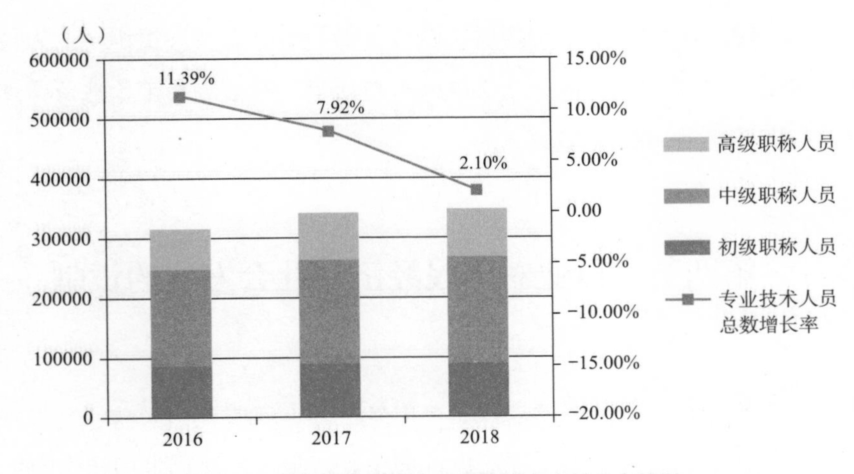

图 1-5 工程造价咨询企业专业技术人员分布情况

积极开展培训班（会）、工作会等教育活动。2018 年 3 月 16 日，协会在珠海召开全国造价工程师继续工作会议，会议对《造价工程师职业资格制度规定》（征求意见稿）进行了讨论。2018 年 6 月 12 日～ 15 日，为提升行业专业人才业务能力、工程造价咨询企业的核心竞争力，协会在北京开办工程造价咨询企业核心人才培训班，对全过程工程咨询、基于项目管理的 BIM 技术应用、建筑行业发展与转型升级等方面内容进行培训。2018 年 10 月 17 ～ 19 日，协会为工程造价咨询企业法定代表人及技术骨干在北京开办 BIM 工程造价专题高端培训班，分享 BIM 工程造价探索实践中的研究成果和实际案例经验。工程造价咨询企业从业人员积极参加人才教育培训活动，据统计，2018 ～ 2019 年参加中价协造价工程师网络教育达到 122240 人次。

结合国际化、信息化的行业发展趋势，工程造价咨询企业在人才培养方面取得了优秀成果。部分企业及时转变观念，积极探索在新时代、新理念、新模式下的人才培养模式及企业发展空间，通过创新人才培养理念，转变人才培养模式，适应市场变化和管理模式的变革，增加人才培养内容。开展有针对性的培训活动，对不同层次的工程造价专业人员按需施教，优化教育资源配置。举办高等院校工程造价技能及创新竞赛等活动加强校企之间的合作与交流，培养实践型、应用型和创新型人才，促进了工程造价实践教学的开展和普及。组织企业人员积极参与行业协会宣贯培训、交流论坛等继续教育活动，有效提高工程造价咨询企业专业人才的综合素质和执业能力。

第四节　行业对国民经济和社会发展的贡献

工程造价咨询作为经济鉴证类行业，依靠广大工程造价执业人员专业知识和专业技能向社会提供各类建设工程造价咨询服务，是维护建筑市场秩序的重要力量，对国民经济和社会发展做出了重大贡献。

一、开展工程造价服务，为固定资产投资提供保障

以建设工程竣工结算审核服务为例，2018 年，根据对北京、安徽、河南、河北、甘肃、广西、广东、海南、黑龙江、湖南、湖北、吉林、江西、辽宁、内蒙古、宁夏、青海、山东、山西、陕西、上海、四川、天津、新疆、浙江、重庆等 26 个省市自治区问卷调查统计，该区域工程造价咨询企业共承接竣工结算审核业务 24 万个，涉及不同历史年份开工项目结算送审金额 27797.90 亿元，实际审减金额 2124.80 亿元，审减率平均达到 7.64%，送审金额和审减金额分别比上年递增 59.59% 和 30.30%。中国工程造价咨询行业积极做大做强传统工程咨询服务市场，投资估算、设计概算、施工图预算、工程结算及竣工财务决算编制与审查市场份额不断扩大，持续为我国固定资产投资活动提供造价服务保障。

二、参与纠纷鉴定业务，构建和谐发展市场环境

2018 年，根据对北京、安徽、河南、河北、甘肃、广西、广东、海南、黑龙江、湖南、湖北、吉林、江西、辽宁、内蒙古、宁夏、青海、山东、山西、陕西、上海、四川、天津、新疆、浙江、重庆等 26 个省市自治区问卷调查统计，

该区域工程造价咨询企业承接工程造价纠纷鉴定和仲裁咨询服务项目 2744 个，涉及造价金额 895.20 亿元，比上年递增 76.04%。中国工程造价咨询行业积极参与工程造价纠纷鉴定和仲裁咨询，致力于构建建筑业和谐发展市场环境。

三、开拓造价咨询新业态，服务国民经济发展新领域

2018 年，根据对北京、安徽、河南、河北、甘肃、广西、广东、海南、黑龙江、湖南、湖北、吉林、江西、辽宁、内蒙古、宁夏、青海、山东、山西、陕西、上海、四川、天津、新疆、浙江、重庆等 26 个省市自治区问卷调查统计，该区域工程造价咨询企业承接 BIM 运用咨询、PPP 项目咨询、EPC 项目咨询、环保工程咨询、装配式建筑咨询和项目后评价等咨询服务项目 13897 个，涉及造价金额 60911.56 亿元，比上年增长 76.04%。

近年来，中国工程造价咨询行业积极探索以工程造价咨询服务为核心的全过程咨询服务，推动行业高质量发展。该区域工程造价咨询企业共承接全过程咨询服务项目 13246 个，涉及造价金额 12529.96 亿元，比上年递增 27.25%。

行业通过积极参与 BIM 运用咨询、PPP 项目咨询、EPC 项目咨询、环保工程咨询、装配式建筑咨询、项目后评价和以工程造价咨询服务为核心的全过程工程咨询等服务市场，不断开拓造价咨询新业态，服务建筑业和国民经济发展新领域，吸纳更多专业人员进入工程造价咨询服务市场，根据 2016 ～ 2018 年末统计数据，行业从业人员数量分别为 46.22 万人、50.75 万人、53.70 万人，比上年度分别增长 11.5%、9.8%、5.8%。行业为扩大社会就业持续提供保障。

第五节 履行社会责任

2018 年，工程造价咨询行业持续践行社会责任，全行业不断深化社会责任意识和担当精神，越来越多的工程造价咨询企业意识到履行社会责任的价值。工

程造价咨询行业在履行社会责任方面取得显著成效。

一、参与公益慈善事业

全行业企业不断强化公益理念，积极投身社会公益慈善事业，相继开展抗洪抢险、扶弱济困、扶贫助学、文化捐赠、志愿服务等社会公益工程，在教育、医疗、环保、文化、卫生等多个领域形成合力，为促进社会经济发展、增强民生保障做出了显著贡献。

为积极响应《国务院扶贫开发领导小组关于广泛引导和动员社会组织参与脱贫攻坚的通知》的指导意见和民政部社会组织管理局组织的“2018年社会组织负责人暨助力‘三区三州’攻坚扶贫交流班”的会议精神，2018年，中价协校园“健康饮水爱心工程”捐赠项目在新疆巴楚地区落地，捐赠50万元资助当地数所学校购买饮水设备，为解决当地师生饮水问题贡献积极力量；北京市建设工程招标投标和造价管理协会积极履行社会责任，走进青海玉树，开展扶贫助学捐赠活动，为当地中小学生送去衣物书籍。四川同心慈善基金会在四川省造价工程师协会的倡导下，由省内23家工程造价咨询企业于2014年发起筹建，自成立以来，积极汇聚慈善力量，努力践行社会责任，2018～2020年，四川同心慈善基金会拟向全省贫困地区100所中小学校提供优秀传统文化书籍，以弘扬中华优秀传统文化。

根据对北京、安徽、河南、河北、甘肃、广西、广东、海南、黑龙江、湖南、湖北、吉林、江西、辽宁、内蒙古、宁夏、青海、山东、山西、陕西、上海、四川、天津、新疆、浙江、重庆等26个省市自治区的问卷调查统计，2018年，上述区域工程造价咨询企业累计为残疾人提供工作岗位542个，比上年增长16.06%；累计开展扶贫济困及捐资助学等公益行为1085次，金额3210.36万元，分别比上年增长14.71%和14.34%。

二、开拓公益服务渠道

工程造价咨询行业企业不断强化专业服务水平，在开拓公益咨询服务渠道、推进校企交流平台搭建等方面取得了突破性进展。

2018年，根据对上述26个省市自治区问卷调查统计，工程造价咨询企业累计为学生提供实习岗位8259个，比上年增长25.71%；与学校合作举办讲座463次，比上年增长31.91%；与学校联合开展就业指导会524次，比上年增长29.39%；为学生提供技能培训2123次，比上年增长28.44%；与学校进行联合毕业设计193次，比上年增长12.87%；参与行业有关课题研究605项，比上年增长35.35%；组织行业相关教育和技能培训2926次，比上年增长20.57%。

影响行业发展的主要环境因素

第一节　经济环境[①]

一、宏观经济环境不断改善

（一）经济结构持续优化

2018 年全年国内生产总值 900309 亿元，比上年增长 6.6%。增速比 2017 年下滑 0.3 个百分点。其中，第一产业增加值 64734 亿元，增长 3.5%；第二产业增加值 366001 亿元，增长 5.8%；第三产业增加值 469575 亿元，增长 7.6%。第一产业增加值占国内生产总值的比重为 7.2%，第二产业增加值比重为 40.7%，第三产业增加值比重为 52.2%。全年最终消费支出对国内生产总值增长的贡献率为 76.2%，资本形成总额的贡献率为 32.4%，货物和服务净出口的贡献率为 -8.6%。人均国内生产总值 64644 元，比上年增长 6.1%。国民总收入 896915 亿元，比上年增长 6.5%。全国万元国内生产总值能耗比上年下降 3.1%。全员劳动生产率为 107327 元 / 人，比上年提高 6.6%。

① 本节数据来源：
国家统计局 . 中华人民共和国 2018 年国民经济和社会发展统计公报 .
国家统计局 . 2018 年全国房地产开发投资和销售情况 .

2018 年全年国内生产总值增速虽比 2017 年有所下滑，但在总量上首次突破 90 万亿元大关，经济社会发展的主要预期目标较好完成，国民经济继续运行在合理区间，实现了总体平稳、稳中有进的发展趋势。

（二）固定资产投资增速下滑

2018 年全年全社会固定资产投资 645675 亿元，比上年增长 5.9%。其中固定资产投资（不含农户）635636 亿元，增长 5.9%。分区域看，东部地区投资比上年增长 5.7%，中部地区投资增长 10.0%，西部地区投资增长 4.7%，东北地区投资增长 1.0%。

分产业看，在固定资产投资（不含农户）中，第一产业投资 22413 亿元，比上年增长 12.9%，增速较 2017 年上涨 1.1 个百分点；第二产业投资 237899 亿元，增长 6.2%，增速较 2017 年上涨 3 个百分点；第三产业投资 375324 亿元，增长 5.5%，增速较 2017 年下滑 4 个百分点，是三个产业中唯一增速有所下滑的产业。民间固定资产投资 394051 亿元，增长 8.7%，占固定资产投资（不含农户）的比重为 62.0%。基础设施投资增长 3.8%。六大高耗能行业投资增长 1.4%。

总之，2018 年固定资产投资绝对数量在增长，但增长速度比 2017 年有下滑。

（三）经济发展稳中有进

2018 年，是全面贯彻落实党的十九大精神，打好三大攻坚战的开局之年，也是迈向高质量发展新征程的起步之年。这一年，经济运行保持在合理区间，国民经济和社会发展主要预期目标较好完成，实现了经济社会大局和谐与稳定的发展。

面对复杂严峻的国内外形势，2018 年，我国经济保持中高速增长。国内生产总值比上年增长 6.6%，分季度看，增速连续 16 个季度运行在 6.4% ～ 7.0% 区间，经济运行稳定性和韧性明显增强。6.6% 的经济增速位居世界前五大经济体之首，对世界经济增长贡献率为 30% 左右，仍是世界经济增长的动力之源。

中国经济能够较好抵御外部风险和挑战，保持总体平稳、稳中有进的发展态势，得益于内外需求同步改善。外在方面，面对世界经济增长的不稳定及不确定性，我国始终坚定不移走开放融通合作共赢之路，持续推进“一带一路”建设，优化区域合作发展布局，大力推动贸易便利化，互利合作与共同发展不断深化。内在方面，供给侧结构性改革深入推进，我国经济结构不断优化；全国上下加快实施创新型国家建设，不断增强我国经济创新力和竞争力，有力推动经济转向高质量发展。

对于工程造价咨询行业而言，尽管当前国际环境深刻变化，国内结构性矛盾突出，但我国经济长期向好的基本面没有改变，发展前景依旧广阔。新型城镇化、“一带一路”建设为固定资产投资和建筑业发展释放新动力、激发新活力的同时，建筑业体制机制改革和转型升级的需求也在不断增强。国家加快实施重大公共基础设施工程，加强城市轨道交通、海绵城市、城市地下综合管廊建设，加快棚户区和危房改造，有序推进老旧住宅小区综合整治及工程维修养护。工程造价咨询业新的创新点、增长极、增长带正在不断形成。

二、建筑业整体保持稳定发展态势

2018年全年全社会建筑业增加值61808亿元，比上年增长4.5%。全国具有资质等级的总承包和专业承包建筑业企业利润8104亿元，比上年增长8.2%，其中国有控股企业2470亿元，增长8.5%。据国家统计局公布的数据显示，2018年全国建筑业总产值达235086亿元，比上年增长9.9%。2018年全国建筑业房屋建筑施工面积140.9亿m^2，比上年增长6.9%。全年对外承包工程完成营业额11186亿元，比上年下降1.7%，按美元计价为1690亿美元，增长0.3%。其中，对“一带一路”沿线国家完成营业额893亿美元，增长4.4%，占对外承包工程完成营业额比重为52.8%。对外劳务合作派出各类劳务人员49万人。

以2015年数据为基准，全国固定资产投资（不含农户）在2016年、2017年和2018年较上年的实际增幅分别是8.1%、7.2%和5.9%，建筑业总产值在2016

年、2017 年和 2018 年较上年的增幅分别是 7.1%、10.5% 和 9.9%，工程造价咨询企业营业收入总额在 2016 年、2017 年和 2018 年较上年的增幅分别是 11.51%、22.05% 和 17.2%，如图 2-1 所示。

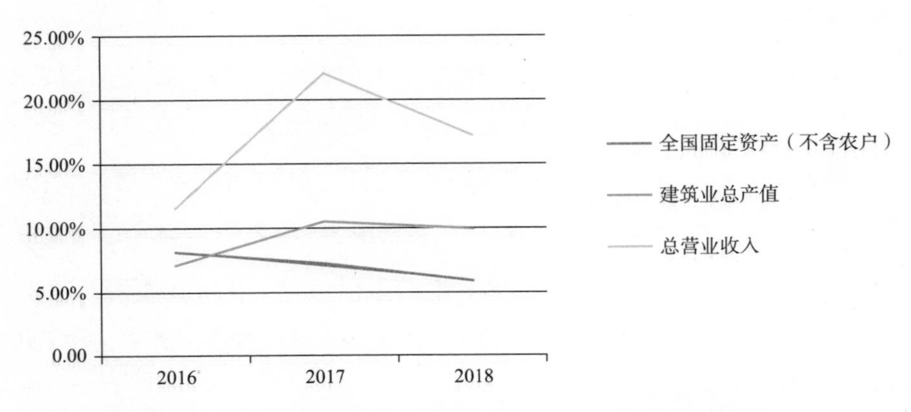

图 2-1 全国固定资产投资、建筑业总产值、造价咨询企业营业收入年增长率变化图（以 2015 年为基准）

三、房地产业稳中有变

2018 年，全国房地产开发投资 120264 亿元，比上年增长 9.5%。其中，住宅投资 85192 亿元，增长 13.4%；办公楼投资 5996 亿元，减少 11.3%；商业营业用房投资 14177 亿元，减少 9.4%；年末商品房待售面积 52414 万 m^2，比上年末减少 10616 万 m^2；年末商品住宅待售面积 30163 万 m^2，比上年末减少 6510 万 m^2；全年全国棚户区住房改造开工 626 万套，基本建成 511 万套。全国农村地区建档立卡贫困户危房改造 157 万户。

2018 年全国房屋新开工面积 209342 万 m^2，比上年增长 17.2%，其中住宅新开工面积增长 19.7%。全国商品房销售面积 171654 万 m^2，比上年增长 1.3%，其中住宅销售面积增长 2.2%。全国商品房销售额 149973 亿元，比上年增长 12.2%，其中住宅销售额增长 14.7%。12 月末，全国商品房待售面积 52414 万 m^2，比 11 月末减少 214 万 m^2。全年房地产开发企业到位资金 165963 亿元，比上年增长6.4%。

2018年，东部地区房地产开发投资64355亿元，比上年增长10.9%；中部地区投资25180亿元，增长5.4%；西部地区投资26009亿元，增长8.9%；东北地区投资4720亿元，增长17.5%。

2018年，房地产开发企业房屋施工面积822300万m^2，比上年增长5.2%，增速比1～11月份提高0.5个百分点，比上年提高2.2百分点。其中，住宅施工面积569987万m^2，增长6.3%。房屋新开工面积209342万m^2，增长17.2%，比1～11月份提高0.4个百分点，比上年提高10.2个百分点。其中，住宅新开工面积153353万m^2，增长19.7%。房屋竣工面积93550万m^2，下降7.8%，降幅比1～11月份收窄4.5个百分点，比上年扩大3.4个百分点。其中，住宅竣工面积66016万m^2，下降8.1%。

2018年，房地产开发企业土地购置面积29142万m^2，比上年增长14.2%；土地成交价款16102亿元，增长18.0%，增速比上年回落31.4个百分点。

2018年，房地产开发企业到位资金165963亿元，比上年增长6.4%。其中，国内贷款24005亿元，下降4.9%；利用外资108亿元，下降35.8%；自筹资金55831亿元，增长9.7%；定金及预收款55418亿元，增长13.8%；个人按揭贷款23706亿元，下降0.8%。2018年1～12月国房景气指数如图2-2所示。

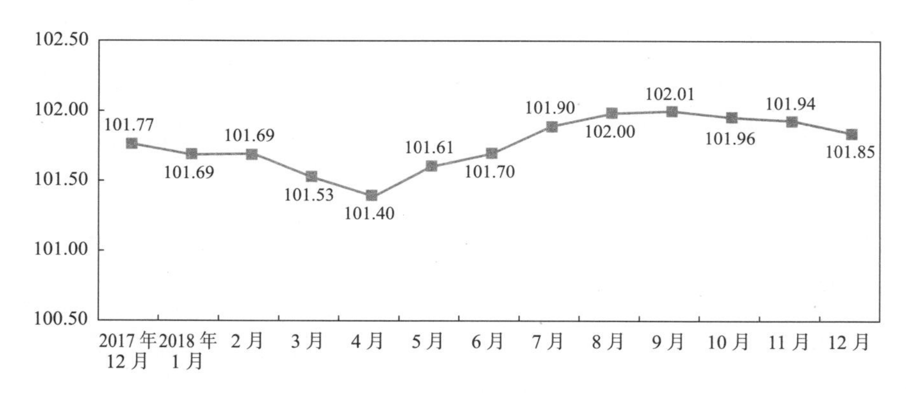

图2-2　2018年1～12月国房景气指数

第二节　市场环境

一、广阔的市场需求为行业发展提供保障

（一）交通基础设施建设发展加快

伴随着基础设施建设的突飞猛进，近年来我国交通基础设施不断完善，运输服务品质不断提升，人民群众获得感持续增强。根据《交通基础设施重大工程建设三年行动计划》，2018 年全国拟重点推进铁路、公路、水路、机场、城市轨道交通项目 80 项，投资约 1.3 万亿元。其中，铁路工程总投资 6994 亿元，公路工程 1968 亿元，轨道交通 2576 亿元，机场工程 1664 亿元，水利工程 54 亿元。此外，按照《“十三五”现代综合交通运输体系发展规划》，到 2020 年我国将基本建成安全、便捷、高效、绿色的现代综合交通运输体系，其中部分地区和领域，将率先基本实现交通运输现代化。

无论是从规模还是范围看，中国正经历着前所未有的城市化进程，这也确保了其城市将共同塑造和定义与之匹配的基础设施、技术和经济增长模式。城市化进程使得国家对城际交通基础设施的需求大大增强，相信在未来，随着交通基础设施的发展加快，区域经济乃至整个国家经济社会也将得到同步发展，并且在国家大力推进“一带一路”建设的大环境中，交通基础设施领域的发展也将为区域互联互通注入更多新动力。

（二）装配式建筑快速发展

当前，我国建筑业仍是一个劳动密集型、以现浇建造方式为主的传统产业。随着人们对高品质建筑产品的不断追求，传统粗放的建造模式已不能适应我国新时代高质量发展的需要。随着我国建筑业的转型发展，城市建设在追求现代化的

同时，更加注重绿色、环保、人文、智慧以及宜居性。装配式建筑恰好具有环保高效的特点，全面推进装配式建筑发展将成为建筑业的重中之重。

目前，装配式建筑需求主要包括商品住宅、保障性安居工程、政府投资公共工程等。近年来，不管是国家层面还是地方政府层面，都出台了诸多政策大力扶持装配式建筑的发展。2018 年全国两会上，住房和城乡建设部相关负责人表示，未来我国将以京津冀、长三角、珠三角三大城市群为重点，大力推广装配式建筑，用 10 年左右时间，使装配式建筑占比达到 30%。

此外，基于我国建筑行业先天市场优势，加上国内各级政府的政策推动，装配式建筑的建造成本会快速下降，在未来将远低于传统现浇模式，逐渐成为行业发展的主流方向。

（三）海绵城市建设取得新进展

中国正经历着人类历史上最大规模、最快速的城镇化进程。然而当我们享受城镇化红利的同时，城市水生态环境也暴露出日益严重的三大核心挑战：水污染、水资源短缺，以及城市内涝灾害。传统城市建设方式已很难满足与资源环境的协调发展。为系统性地解决水生态环境问题，海绵城市作为一种新型城市雨洪管理理念应运而生。

自 2015 年住房和城乡建设部启动海绵城市建设试点工作以来，全国 30 个试点城市结合当地地理、气候和社会经济文化开展了有益探索，积累了丰富经验。按照规划，到 2020 年，中国城市 20% 以上建成区要自然存储 70% 的降雨；到 2030 年，全国城市 80% 以上建成区要达到这一指标。

为更好助力中国海绵城市的建设与发展，在福州市召开的海绵城市及水生态交流峰会上，建设行业主管部门发布了《2018 中国海绵城市建设白皮书》，全面解析中国海绵城市的最新进展，分析了 5 个中国典型城市成功案例，分享了 5 个国外海绵城市建设经验，为其他地区建设海绵城市提供更多借鉴。

（四）乡村振兴战略深入开展

目前，我国城乡发展不平衡，农村发展不充分的现状亟须解决，其具体表现在城乡居民收入绝对差距逐年加大，城乡基础设施建设差距明显，教育、医疗资源分配不均等方面。乡村振兴战略作为对内战略，就是要把过剩的社会资金引导到农村，从而帮助农村地区快速发展。

2018年中央一号文件再次聚焦乡村振兴，明确了实施乡村振兴战略的三阶段目标：到2020年，乡村振兴取得重要进展，制度框架和政策体系基本形成；到2035年，乡村振兴取得决定性进展，农业农村现代化基本实现；到2050年，乡村全面振兴，农业强、农村美、农民富全面实现。

对于建筑行业而言，随着乡村振兴战略深入开展，农村公路建设、美丽乡村建设、乡村旅游开发建设等，为建筑行业带来新的市场机遇。2018年，我国在推进农业标准化建设、林业生态文明建设以及水务生态文明建设等方面均取得一定成就，在未来，随着乡村振兴战略顺利实施，势必需要更多的行业支持，以实现乡村振兴战略的最终目标。

（五）建筑行业绿色发展

早在2005年，国家就出台了《绿色建筑技术导则》，旨在引导、促进和规范绿色建筑的发展。近年来，随着绿色建筑发展的稳步推进，全社会对绿色建筑的理念、认识和需求逐步提升。绿色建筑作为建筑行业的增量市场，将迎来行业的大发展。

2018年，随着信息化与工业化、城镇化、传统产业间的快速融合发展，绿色建筑将融合互联网、物联网、云计算、大数据等新技术，全面实现节能、节水、节材，从而降低温室气体排放，全面提升绿色建筑质量，使绿色建筑更加生态环保，更加人性化。

建筑行业绿色发展不仅能给相关产业带来融合发展的机遇，也必将成为建筑行业发展的新潮流。因此，在建筑行业发展过程中，为了贯彻可持续发展理念，国家将大力推进绿色建筑，要求更多使用绿色建材，降低建筑能耗，减少环境污染。这些举措对建筑企业在施工工艺、成本控制等方面均提出了更高的要求。

（六）“一带一路”建设持续推进

2018年是习近平主席提出“一带一路”倡议五周年，五年来，随着“一带一路”建设的实施，对整个国家经济社会的发展都产生了重大而深远影响。

2018年，与中国签署共建“一带一路”合作文件的国家超过60个，遍布亚洲、非洲、大洋洲、拉丁美洲；中国连续举办4场规模宏大的主场外交活动，吸引了全世界的目光；在交通建设、能源合作、城市发展以及电信基础设施方面，更是有数十个重大项目取得新进展……“一带一路”正不断从理念转化为行动、从愿景转化为现实。

对于建筑和基础设施行业而言，随着“一带一路”总体规划进程的不断推进，2018年，我国建筑领域在不断引进国际先进建筑施工技术的同时，也通过“一带一路”建设将我国建筑技术带往沿线国家，这些国家大多数是新兴经济体和发展中国家，有着巨大的建筑和基础设施需求，通过与他们互利合作，我国建筑业将获得更为广阔的发展空间。

（七）PPP模式发展进入新阶段

近几年，我国在与PPP模式相关的立法研究、政策制定、知识普及、操作指导以及项目落地等方面都取得了前所未有的成绩。当前PPP模式在中国发展的速度和结果，已远远超出人们的预期，而这不仅包含它的规模和数量，也包括推进的速度、质量和出现的问题。

2018年，PPP模式发展进入新的阶段。一方面，各省集中清理PPP项目库、规范地方政府举债行为等，为合规PPP项目留出政府支付能力空间；另一方面，伴随不规范PPP项目清理整顿逐步完成，合规项目逐步开工，PPP项目落地率呈上升趋势。总之，2018 年是 PPP 模式继续深化监管的一年。国家出台各项政策加强 PPP 项目监管，以提升风险管控能力，降低地方政府债务风险。

因此，在未来，国家政策依然鼓励、推动 PPP 模式相关工作，由私人部门参与的公私合营 PPP 项目将重点得到政府部门的支持与发展。

二、良好的市场供给环境促进行业持续健康发展

（一）从业人员规模持续扩大

近年来，随着我国建筑行业不断发展壮大，工程造价咨询行业也随之取得了巨大的发展成就，从事工程造价咨询行业的人员越来越多。工程造价咨询行业的业务内容也从一开始的主营造价咨询演变为对建设项目全寿命周期和全业务流程提供咨询服务。2018 年，更多优秀企业有机会参与工程咨询市场竞争，从而为工程造价咨询市场带来更多从业人员。

（二）工程造价咨询服务质量不断提升

中国工程造价咨询业发展于 20 世纪 90 年代，经过 20 多年发展，我国工程造价咨询业已取得长足进步，越来越多的投资商和建设单位意识到工程造价咨询的重要性，对工程造价咨询的依赖程度不断提高。

当市场对工程造价咨询服务需求越来越大时，工程造价咨询服务质量也相应得到提升。一方面，随着企业规模和从业人数的不断增加，企业自身能力及企业专业人才数量将成为市场竞争的关键因素，因此在激烈的市场竞争中，造价咨询行业优胜劣汰的发展模式自然展开，行业造价咨询服务质量在此过程中得以提高；另一方面，对于工程造价咨询而言，信息技术虽只为其提供了相应的辅助工具，但是却发挥着举足轻重的作用，因此，随着信息技术发展速度不断加快，尤其是 BIM 技术为代表的现代信息技术的发展及应用，提高了工程造价咨询行业的工作效率及服务质量。

第三节　政策环境

一、全过程工程咨询服务带动行业跨越式发展

当前，我国建筑行业面临叠加性变革冲击，给工程咨询行业提出了新的挑战。为此，国家大力推行全过程工程咨询，引导相关企业开展项目投资咨询、工程勘察设计、施工招标咨询、施工指导监督、工程竣工验收、项目运营管理等覆盖工程全寿命周期的一体化项目管理咨询服务，力图通过试点先行打造出一批具有国际影响力的全过程工程咨询企业，从而带动行业跨越式发展。

国务院办公厅颁发的《关于促进建筑业持续健康发展的意见》（国办发〔2017〕19号）中，提出培育全过程工程咨询。国家发展改革委、住房和城乡建设部联合印发的《关于推进全过程工程咨询服务发展的指导意见》（发改投资规〔2019〕515号）中，更是在鼓励发展多种形式全过程工程咨询、重点培育全过程工程咨询模式、优化市场环境、强化保障措施等方面提出了一系列政策措施。表2-1是基于不同角度对该政策文件的分类整理。

各省市为推动组织形式转变，提升全过程工程咨询服务也配套了相关政策文件：

浙江省住房和城乡建设厅、浙江省市场监督管理局为推进全过程工程咨询工作，联合发布了《浙江省建设工程咨询服务合同示范文本》（2018版）（以下简称《示范文本》），《示范文本》适用于建设工程中由工程咨询人向委托人提供阶段性或全过程工程咨询服务的合同签订。

广东省住房和城乡建设厅为贯彻落实《国务院办公厅关于促进建筑业持续健康发展的意见》（国办发〔2017〕19号），进一步完善全省工程建设组织模式，积极培育全过程工程咨询企业，组织起草了《建设项目全过程工程咨询服务指引（咨询企业版）（征求意见稿）》和《建设项目全过程工程咨询服务指引（投资人

《关于推进全过程工程咨询服务发展的指导意见》　表 2-1
（发改投资规〔2019〕515 号）重点内容整理

两个着力点	(1) 咨询单位根据市场需求，发展多种形式的全过程工程咨询服务模式； (2) 重点培育发展投资决策综合性咨询和工程建设全过程咨询
投资决策综合性咨询内容、方式	(1) 投资决策综合性咨询要统筹考虑影响项目可行性的各种因素，将各专项评价评估一并纳入可行性研究统筹论证，提高决策科学化水平； (2) 投资决策综合性咨询服务可由工程咨询单位采取市场合作、委托专业服务等方式牵头提供，或由其会同具备相应资格的服务机构联合提供； (3) 鼓励纳入有关行业自律管理体系的工程咨询单位开展综合性咨询服务，鼓励咨询工程师（投资）作为综合性咨询项目负责人
工程建设全过程咨询内容、条件	(1) 由咨询单位提供招标代理、勘察、设计、监理、造价、项目管理等全过程咨询服务； (2) 工程建设全过程咨询服务应当由一家具有综合能力的咨询单位实施，也可由多家具有招标代理、勘察、设计、监理、造价、项目管理等不同能力的咨询单位联合实施； (3) 全过程咨询单位提供勘察、设计、监理或造价咨询服务时，应当具有与工程规模及委托内容相适应的资质条件； (4) 工程建设全过程咨询项目负责人应当取得工程建设类注册执业资格且具有工程类、工程经济类高级职称，并具有类似工程经验。对于工程建设全过程咨询服务中承担工程勘察、设计、监理或造价咨询业务的负责人，应具有法律法规规定的相应执业资格
服务酬金计取	(1) 全过程工程咨询服务酬金可在项目投资中列支，也可根据所包含的具体服务事项，通过项目投资中列支的投资咨询、招标代理、勘察、设计、监理、造价、项目管理等费用进行支付； (2) 全过程工程咨询服务酬金可按各专项服务酬金叠加后再增加相应统筹管理费用计取，也可按人工成本加酬金方式计取； (3) 鼓励投资者或建设单位根据咨询服务节约的投资额对咨询单位予以奖励
相关部门职责	(1) 国务院投资主管部门负责指导投资决策综合性咨询，国务院住房和城乡建设主管部门负责指导工程建设全过程咨询； (2) 各级投资主管部门、住房和城乡建设主管部门要创新投资决策机制和工程建设管理机制，完善相关配套政策，加强对全过程工程咨询服务活动的引导和支持，加强与财政、税务、审计等有关部门的沟通协调，切实解决制约全过程工程咨询实施中的实际问题； (3) 各级政府主管部门要引导和鼓励工程决策和建设采用全过程工程咨询模式，逐步培育一批全过程工程咨询骨干企业；鼓励各地区和企业积极探索和开展全过程工程咨询，扩大全过程工程咨询的影响力
加强政府监管和行业自律	(1) 建立全过程工程咨询监管制度，实施综合监管、联动监管，加大对违法违规咨询单位和从业人员的处罚力度，建立信用档案和公开不良行为信息，推动咨询单位切实提高服务质量和效率； (2) 有关行业协会应当协助政府开展相关政策和标准体系研究，引导咨询单位提升全过程工程咨询服务能力；加强行业诚信自律体系建设，规范咨询单位和从业人员的市场行为，引导市场合理竞争

版）（征求意见稿）》。

吉林省住房和城乡建设厅为推进全过程工程咨询服务发展，深化工程建设项目组织实施方式改革，有序推进全过程工程咨询试点的各项工作，制定了《关于推进全过程工程咨询服务发展的指导意见》。

江苏省住房和城乡建设厅为完善工程建设组织模式，推进全过程工程咨询服务发展，提高工程建设水平，组织制定了《江苏省全过程工程咨询服务合同示范文本（试行）》。

为推进全过程咨询服务发展，提升全过程工程咨询服务项目建设质量和效益，广西壮族自治区住房和城乡建设厅于2019年8月6日草拟了《广西壮族自治区全过程工程咨询服务导则》（征求意见稿），并公开征求意见。广西壮族自治区住房和城乡建设厅制定了《广西壮族自治区房屋建筑和市政工程全过程工程咨询服务招标文件范本（试行）》，以进一步完善房屋建筑和市政工程全过程工程咨询招投标管理，加快推进全过程工程咨询试点工作；按照《住房城乡建设部办公厅关于同意广西壮族自治区开展全过程工程咨询试点的复函》（建办市函〔2017〕651号）要求，广西壮族自治区住房和城乡建设厅制定并印发《广西全过程工程咨询试点工作方案》。

安徽省住房和城乡建设厅、安徽省发展和改革委员会、安徽省公安厅、安徽省财政厅、安徽省交通运输厅、安徽省水利厅、安徽省通信管理局联合印发《安徽省开展全过程工程咨询试点工作方案》（建市〔2018〕138号）。

陕西省住房和城乡建设厅根据《住房城乡建设部关于开展全过程工程咨询试点工作的通知》（建市〔2017〕101号）和《住房城乡建设部办公厅关于同意陕西省开展全过程工程咨询试点的复函》（建办市函〔2018〕94号）的要求，制定了《陕西省开展全过程工程咨询试点实施方案》（陕建发〔2018〕388号）；陕西省监理协会根据《关于开展全过程工程咨询试点的通知》（陕建发〔2018〕388号）精神，编写《陕西省全过程工程咨询服务导则（试行）》《陕西省全过程工程咨询服务合同示范文本（试行）》（陕建发〔2019〕1007号），由陕西省住房和城乡建设厅印发。

山西省住房和城乡建设厅发布《关于加快培育我省全过程工程咨询企业的通知（第 73 号）》并附《全过程工程咨询企业遴选办法及量化标准（试行）》。

四川省建设工程项目管理协会编制印发《四川省全过程工程咨询服务招标文件示范文本和合同示范文本》，积极探索全过程工程咨询服务模式。

二、建筑业企业资质管理改革推动行业诚信体系建设

随着新技术的应用，传统建筑行业管理模式已不适应新时期建筑业发展需要，建筑业进入了新的改革时期。“放管服”作为当前建筑行业基本改革措施，主要涉及坚持简政放权、坚持强化管理以及坚持优化服务三方面内容。为贯彻落实国务院深化“放管服”改革发展的要求，2019 年 3 月住房和城乡建设部办公厅发布的《关于实行建筑业企业资质审批告知承诺制的通知》（以下简称通知）中明确：以“减少审批环节、提高审批效能、服务企业发展”为思路，在真正意义上实现简化资质审批流程。为加快推进政务服务“一网通办”的要求，住房和城乡建设部以部令形式发布了《关于修改〈建筑业企业资质管理规定〉等部门规章的决定》，主要将《建筑业企业资质管理规定》（住房城乡建设部令第 22 号）第十四条修改为：“企业申请建筑业企业资质，在资质许可机关的网站或审批平台提出申请事项，提交资金、专业技术人员、技术装备和已完成业绩等电子材料。”

资质简化政策的实施并未降低对建筑企业的资质核查，通知中着重强调建设诚信机制，加强各界监督，通过采用建筑主体“黑名单”的方式真正做到严格处罚，让企业在简化申报手续的同时受到更加严格的事后监管。建筑企业资质管理经过改革后，企业信用将变得更加重要，甚至在一定程度上能够决定企业未来发展，企业信用信息也会在建筑企业信用平台展现。由此可见，“放管服”改革对建筑行业的影响是全面的，因此，建筑企业要想真正适应行业发展需要，必须针对企业自身做出相应调整。

三、税收及社保政策变化影响企业经营发展

在税收政策方面，2019年政府工作报告中指出要实施更大规模的减税。深化增值税改革，将制造业等行业现行16%的税率降至13%，将交通运输业、建筑业等行业现行10%的税率降至9%，确保主要行业税负明显降低；保持6%一档的税率不变，通过采取对生产、生活性服务业增加税收抵扣等配套措施，确保所有行业税负只减不增，继续向推进税率三档并两档、税制简化方向迈进。

在社保政策方面，自2019年起社会保险领域多项新政出台，如养老金平均提高5%左右；生育保险和医疗保险合并实施；社保由税务部门征收；核定调低社保缴费基数；5月1日起降低社会保险费率等。其中部分社保政策的变化，对一直以来规范缴纳社保的企业并无影响，然而针对社保政策改革前未依法依规缴纳的企业而言，税务机关规范征收后，企业社保负担上升会显著提高用工成本。社保政策变化对企业的影响如表2-2所示。

社保政策变化对企业的影响　　表2-2

社保政策新变化	对企业带来的影响
降低社保保险费率	企业承担社保费率降低至16%以下，明显降低企业社保缴费负担
核定调低社保缴费基数	企业可灵活选择参保人员缴费水平
社保由税务部门进行征收	企业必须严格按照员工本人工资标准购买社保；企业必须为每一名员工购买社保，不购买社保的行为通过税务部门可明显监测到，并将按照偷税漏税的行为给予企业适当的处理

四、“挂证”专项整治活动促进行业健康发展

2018年11月，住房和城乡建设部等7部委发布了《关于开展工程建设领域专业技术人员职业资格“挂证”等违法违规行为专项整治的通知》(以下简称“专项整治”)，以遏制工程建设领域专业技术人员职业资格“挂证”现象，维护建筑市场秩序，促进建筑业持续健康发展。

此次专项整治主要内容为：对工程建设领域勘察设计注册工程师、注册建

筑师、建造师、监理工程师、造价工程师等专业技术人员及相关单位、人力资源服务机构进行全面排查。严肃查处持证人注册单位与实际工作单位不符、买卖租借（专业）资格（注册）证书等“挂证”违法违规行为，以及提供虚假就业信息、以职业介绍为名提供“挂证”信息服务等违法违规行为。专项整治自查自纠时间共计 2 个月，存在相关问题的人员、单位，应及时办理注销等手续，自行纠错、自行整改，对于整改到位的，可视情况不再追究其相关责任。其次在此基础上，开展行业全面排查，重点排查参保缴费单位与注册单位不一致情况。对存在“挂证”的从严处罚，不留死角，彻底整顿“挂证”行为。最后对自查阶段整改不力的企业和个人，监督督促整改，对整改不力的企业和个人，进行挂牌督查和问责。

经过专项整治后，建筑市场执证从业人员数量必将有所减少，部分企业资质等级也会出现下降，大量小微建筑企业将面临无法运转的风险，进而出现合并浪潮。国务院办公厅发布的《关于促进建筑业持续健康发展的意见》（国办发〔2017〕19 号）提出：进一步简化工程建设企业资质类别和等级设置，减少不必要的资质认定。强化个人执业资格管理，明晰注册执业人员的权利、义务和责任，加大执业责任追究力度。由此可见，专项整治改革的重点是强化个人执业资格管理，淡化工程建设企业资质。

五、完善标准体系建设为行业可持续发展引航

为推动中国建筑业持续健康发展，2018 年中价协和北仲等机构联合举办《建设工程造价鉴定规范》宣贯会议，分别在浙江、广东等省份召开了《建设工程造价鉴定规范》宣贯会议。

为完善现有行业标准体系，中价协配合住房和城乡建设部标准定额司开启了《矿山工程工程量计算规范》和《构筑物工程工程量计算规范》修编工作。

湖南省住房和城乡建设厅为了满足本省城市和地下综合管廊工程计价需要，组织编制了《湖南省城市地下综合管廊工程消耗量标准（试行）》。标准适用于该

省城镇范围内的地下综合管廊工程的新建、改建、扩建工程，自2019年1月1日实施。

江苏省住房和城乡建设厅在我国工程建设项目管理实践的基础上，根据现有相关工程技术规范，借鉴吸收国际上较为成熟和普遍接受的项目管理理论和惯例，编制了《全过程工程咨询服务导则》。导则于2018年12月17日发布，自2019年2月1日起试行，适用于江苏省房屋建筑和市政基础设施项目。

福建省建设工程造价管理总站为进一步推动工程造价行业向信息化发展，规范建设工程造价电子数据交换格式，提高建设工程造价信息的资源共享和有效利用水平，组织制定了《福建省建设工程造价电子数据交换导则》(2017版)，并于2018年6月29进行了第三次修订；为进一步做好造价咨询成果文件质量检查和造价咨询企业信用综合评价工作，福建省建设工程造价管理协会组织编制了《工程造价咨询成果文件质量检查评分标准（2018版）》。

河南省住房和城乡建设厅为推进建设项目全过程造价管理，依据现有工程造价标准和计价依据，组织编制了《建设项目全过程造价管理技术规程》。

近年来我国工程造价咨询行业标准体系建设成果如表2-3所示。

行业标准体系建设一览表　　表2-3

标准	编号	发布时间	实施时间
《建设工程造价指标指数分类与测算标准》	GB/T 51290—2018	2018年3月7日	2018年7月1日
《建设工程造价鉴定规范》	GB/T 51262—2017	2017年8月31日	2018年3月1日
《电力建设工程量清单计价规范》	DL/T 5745—2016	2016年12月5日	2017年5月1日
《建设项目设计概算编审规程》	CECA/GC 2—2015	2015年12月11日	2016年5月1日
《建设项目投资估算编审规程》	CECA/GC 1—2015	2015年12月31日	2016年6月1日
《建设工程造价咨询规范》	GB/T 51095—2015	2015年3月8日	2015年11月1日
《建设工程造价咨询工期标准（房屋建筑工程）》	CECA/GC 10—2014	2014年8月31日	2015年1月1日
《建筑工程建筑面积计算规范》	GB/T 50353—2013	2013年12月19日	2014年7月1日
《工程造价术语标准》	GB/T 50875—2013	2013年2月7日	2013年9月1日
《建设工程工程量清单计价规范》	GB 50500—2013	2012年12月25日	2013年7月1日

续表

标准	编号	发布时间	实施时间
《房屋建筑与装饰工程工程量计算规范》	GB 50854—2013	2012 年 12 月 25 日	2013 年 7 月 1 日
《仿古建筑工程工程量计算规范》	GB 50855—2013	2012 年 12 月 25 日	2013 年 7 月 1 日
《通用安装工程工程量计算规范》	GB 50856—2013	2012 年 12 月 25 日	2013 年 7 月 1 日
《市政工程工程量计算规范》	GB 50857—2013	2012 年 12 月 25 日	2013 年 7 月 1 日
《园林绿化工程工程量计算规范》	GB 50858—2013	2012 年 12 月 25 日	2013 年 7 月 1 日
《矿山工程工程量计算规范》	GB 50859—2013	2012 年 12 月 25 日	2013 年 7 月 1 日
《构筑物工程工程量计算规范》	GB 50860—2013	2012 年 12 月 25 日	2013 年 7 月 1 日
《城市轨道交通工程工程量计算规范》	GB 50861—2013	2012 年 12 月 25 日	2013 年 7 月 1 日
《爆破工程工程量计算规范》	GB 50862—2013	2012 年 12 月 25 日	2013 年 7 月 1 日
《建设项目工程竣工决算编制规程》	CECA/GC 9—2013	2013 年 3 月 1 日	2013 年 5 月 1 日
《建设工程人工材料设备机械数据标准》	GB/T 50851—2013	2012 年 12 月 25 日	2013 年 5 月 1 日
《建设工程咨询分类标准》	GB/T 50852—2013	2012 年 12 月 25 日	2013 年 4 月 1 日
《建设工程造价鉴定规程》	CECA/GC 8—2012	2012 年 7 月 19 日	2012 年 12 月 1 日
《建设工程造价咨询成果文件质量标准》	CECA/GC 7—2012	2012 年 4 月 17 日	2012 年 7 月 1 日

随着新标准的编制和已有标准的修订，2013 年至 2018 年期间废止的标准如表 2-4 所示。

2013 ～ 2018 年废止标准一览表　　表 2-4

标准	编号	实施时间	废止日期
《建设工程工程量清单计价规范》	GB 50500—2008	2008 年 12 月 1 日	2013 年 7 月 1 日
《房屋建筑与装饰工程工程量计算规范》	GB 50500—2008	2008 年 12 月 1 日	2013 年 7 月 1 日
《建设项目设计概算编审规程》	CECA/GC 2—2007	2007 年 4 月 1 日	2016 年 5 月 1 日
《建设项目投资估算编审规程》	CECA/GC 1—2007	2007 年 4 月 1 日	2016 年 5 月 1 日

2018 年各省、直辖市、自治区发布实施的相关地方标准如表 2-5 所示。

2018 年地方发布实施的标准　　表 2-5

标准	发布时间	实施时间
湖南省		
《湖南省城市地下综合管廊工程消耗量标准（试行）》	2018 年 11 月 15 日	2019 年 1 月 1 日

续表

标准	发布时间	实施时间
江苏省		
《全过程工程咨询服务导则》	2018年12月17日	2019年2月1日
福建省		
《福建省建设工程造价电子数据交换导则（2017版第三次修订部分）》	2018年6月29日	2018年6月29日
《工程造价咨询成果文件质量检查评分标准（2018）》	2018年7月23日	2018年7月23日
河南省		
《建设项目全过程造价管理技术规程》	2018年5月17日	2018年7月1日

行业结构分析

第一节　企业结构分析

一、企业结构不断优化，工程造价咨询企业总量持续增长

近三年工程造价咨询行业规模不断扩大，企业总量持续增长。2018 年，通过《工程造价咨询统计报表制度系统》上报数据的工程造价咨询企业共计 8139 家，比上年增长 4.3%。结合前两年数据，2016 ～ 2018 年，全国工程造价咨询企业分别为 7505 家、7800 家、8139 家，分别比其上一年增长 5.60%、3.93%、4.3%。各类统计科目结果显示工程造价咨询企业结构不断优化。

二、行业技术要求提升，甲级资质企业数量首次实现反超

BIM 等信息化技术快速发展，带动工程造价咨询行业竞争日益激烈，为顺应国家高质量发展要求，工程造价咨询行业对自身技术水平的要求随之提升。2018 年上报的 8139 家工程造价咨询企业中，甲级工程造价咨询企业 4236 家，增长 13.4%；乙级工程造价咨询企业 3903 家，减少 3.9%。其中，甲级资质企业相比乙级资质企业多 333 家，差额约占整体 4.09%。分布情况：各省市共计 7916 家，各行业共计 223 家。

2018 年末，我国工程造价咨询企业中，甲级资质企业与乙级资质企业占比

汇总统计信息如图3-1所示。

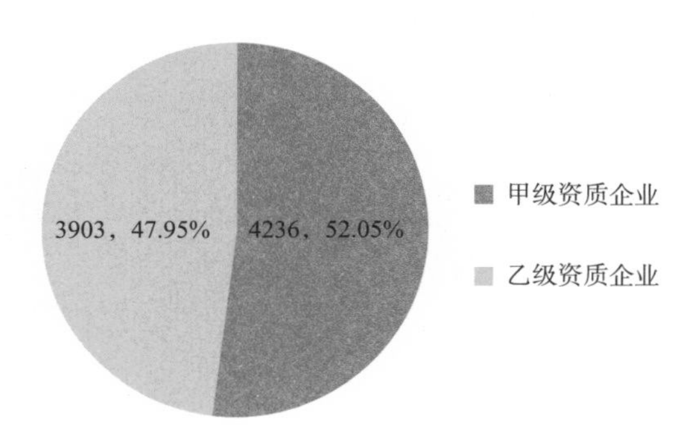

图3-1　2018年工程造价咨询企业按资质等级分类占比统计

结合2016～2018年数据，甲级资质企业占比分别为45.05%、47.91%、52.05%，分别比其上一年增长11.9%、10.53%、13.4%；乙级资质企业占比分别为54.95%、52.09%、47.95%，分别比其上一年减少-0.9%、1.48%、3.9%。

2016～2018年，我国工程造价咨询企业中，甲级资质企业与乙级资质企业数量如表3-1所示。

工程造价咨询企业按资质分类统计表　　表3-1

序号	年份	工程造价咨询企业数量（家）		
		合计	甲级	乙级
1	2016年	7505	3381	4124
2	2017年	7800	3737	4063
3	2018年	8139	4236	3903

以上数据表明甲级资质企业数量加速增长，占比稳步增加，越来越多的乙级资质企业成功转型为甲级资质企业。2018年甲级资质企业数量首次反超乙级资质企业。随着社会对工程造价咨询业专业化要求的不断提高，未来甲级资质企业占比有望进一步提升。

三、多元化发展趋于稳定，具有多种资质企业占比小幅回落

受全过程工程咨询浪潮影响，近年来越来越多的工程造价咨询企业涉足工程监理、招标代理等业务；同时也有许多主营其他业务的企业转型发展工程造价咨询业务。8139 家工程造价咨询企业中，有 2207 家专营工程造价咨询企业，比上年增加 12.5%，占 27.1%；具有多种资质的工程造价咨询企业有 5932 家，比上年增长 1.6%，占 72.9%。其中，专营企业相比具有多种资质企业少 3725 家，差额约占整体 45.77%。多元化发展在行业占据主导地位。

2018 年末，我国专营工程造价咨询企业与具有多种资质的工程造价咨询企业占比汇总统计信息如图 3-2 所示。

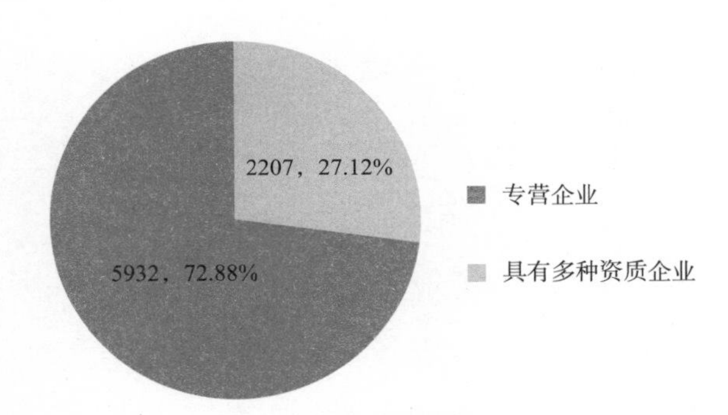

图 3-2　2018 年工程造价咨询企业按资质种类分类占比统计

结合 2016 ～ 2018 年数据，专营工程造价咨询企业分别占全部工程造价咨询企业的 26.68%、25.14%、27.12%；具有多种资质工程造价咨询业务所占比例分别为 73.32%、74.86%、72.88%。

2016 ～ 2018 年，我国工程造价咨询企业中，专营工程造价咨询企业与具有多种资质的工程造价咨询企业数量如表 3-2 所示。

工程造价咨询企业按资质分类统计表　　表 3-2

序号	年份	工程造价咨询企业数量（家）		
		合计	专营工程造价咨询企业	具有多种资质工程造价咨询企业
1	2016 年	7505	2002	5503
2	2017 年	7800	1961	5839
3	2018 年	8139	2207	5932

通过上述数据可以看出，受全国工程造价咨询企业总体数量增加的大趋势影响，专营企业与具有多种资质企业数量均有增长，具有多种资质工程造价咨询企业数量远超专营工程造价咨询企业，但具有多种资质企业数量占全部企业比例已趋于平稳，且出现小幅回落。

四、市场化发展成果显著，有限责任公司占据主要地位

为进一步响应国家“放管服”政策，实现行业市场化发展目标，一些国有独资公司及国有控股公司向有限责任公司转型。8139 家工程造价咨询企业中，7924 家有限责任公司，约占全体企业数量的 97.35%，其他登记注册类型企业仅占全体企业数量的 2.65%，其中包括 128 家国有独资公司及国有控股公司、61 家合伙企业、4 家合资经营和合作经营企业以及 22 家其他企业。

2018 年，我国工程造价咨询企业按登记注册类型分类占比统计信息如图 3-3 所示。

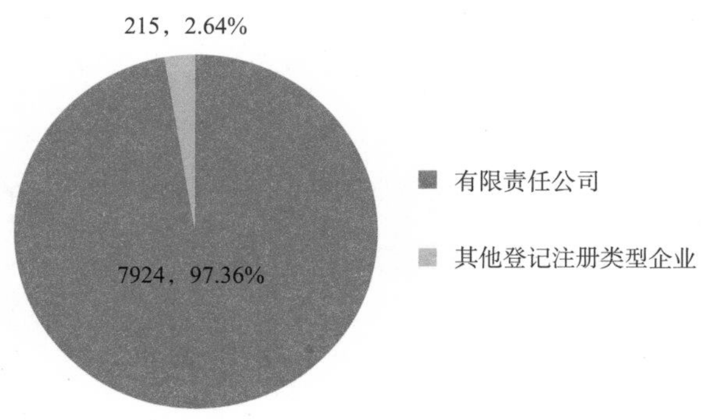

图 3–3　2018 年工程造价咨询企业按登记注册类型分类占比统计

2016～2018 年，我国工程造价咨询企业中，按登记注册类型分类企业数量如表 3-3 所示。

工程造价咨询企业按企业登记注册类型分类统计表（家） 表 3-3

序号	年份	企业数量	国有独资公司及国有控股公司	有限责任公司	合伙企业	合资经营和合作经营企业	其他企业
1	2016 年	7505	142	7268	75	8	12
2	2017 年	7800	134	7575	63	5	23
3	2018 年	8139	128	7924	61	4	22

通过上述数据可以看出，全国绝大多数工程造价咨询企业均登记注册为有限责任公司，在数量上占据主要地位。除有限责任公司外的余下企业中，大多数为国有独资公司及国有控股公司和合伙企业，除有限责任公司外的各类企业数量均有所减少。

五、各省市工程造价咨询企业数量和实力分布仍不平衡

目前，我国大部分地区工程造价咨询企业总量和甲级资质企业数量均有所增加，但各省市发展不均衡问题依然存在。2018 年，我国拥有工程造价咨询企业数量较高的 3 个省市分别是江苏、山东和四川，分别为 703 家、639 家、441 家，其中山东与江苏拥有工程造价咨询企业总量远超其他省市。2018 年，江苏省工程造价咨询企业总量和甲级资质企业数量增势迅猛，增长率分别为 9.84% 和 15.38%，实现企业总量和甲级资质企业数量双增长。2018 年，山东省工程造价咨询企业总量回落，但甲级资质企业数量不降反升，且增速达到 10.65%。2018 年，江苏、浙江和北京 3 个省市的甲级资质企业数量排名全国前 3 位，相比去年未发生较大变化。

从 2018 年数据可以看出，目前我国工程造价咨询行业仍然存在区域发展不平衡的现象，工程造价咨询企业数量较高的省市，并不意味该省市的甲级资质企业数量和专营工程造价咨询企业数量也相对较高，这进一步说明工程造价咨询行

业的整体水平有待进一步提升。

结合2016～2018年数据，我国各省市工程造价咨询企业数量规模及其变化趋势差别较大。总体上，大部分省市工程造价咨询企业规模扩大，企业数量呈上升态势的省市有24个，其中天津、海南和宁夏2018年发展势头迅猛，增幅分别为68.18%、17.86%和17.19%；以黑龙江、福建为首的5个省市在工程造价咨询企业总量减少的同时，实现了甲级资质企业数量的增长，其中2018年黑龙江和福建的工程造价咨询企业总量分别下降了27.45%和11.11%，但甲级资质企业数量仍呈现增长态势。新疆甲级资质企业数量增长率超过各省市平均值，达到18.46%。

2018年末，我国工程造价咨询企业按资质分类汇总统计信息如表3-4所示。

2018年工程造价咨询企业按资质汇总统计信息表（家）　　表3-4

序号	省市	工程造价咨询企业数量			专营工程造价咨询企业的数量	具有多种资质的工程造价咨询企业数量
		小计	甲级	乙级		
	合计	8139	4236	3903	2207	5932
1	北京	340	278	62	97	243
2	天津	74	52	22	9	65
3	河北	390	186	204	125	265
4	山西	246	97	149	112	134
5	内蒙古	305	130	175	105	200
6	辽宁	267	113	154	164	103
7	吉林	161	67	94	22	139
8	黑龙江	148	71	77	72	76
9	上海	152	123	29	25	127
10	江苏	703	390	313	71	632
11	浙江	406	278	128	39	367
12	安徽	433	155	278	152	281
13	福建	168	93	75	18	150
14	江西	185	66	119	152	33
15	山东	639	239	400	114	525

续表

序号	省市	工程造价咨询企业数量			专营工程造价咨询企业的数量	具有多种资质的工程造价咨询企业数量
		小计	甲级	乙级		
16	河南	313	138	175	101	212
17	湖北	369	197	172	182	187
18	湖南	304	140	164	82	222
19	广东	415	244	171	74	341
20	广西	150	69	81	16	134
21	海南	66	29	37	29	37
22	重庆	245	143	102	105	140
23	四川	441	273	168	97	344
24	贵州	122	64	58	17	105
25	云南	163	81	82	56	107
26	西藏	3	2	1	0	3
27	陕西	206	122	84	14	192
28	甘肃	204	61	143	52	152
29	青海	58	7	51	9	49
30	宁夏	75	29	46	11	64
31	新疆	165	77	88	60	105
32	行业归口	223	222	1	25	198

2018年各省市工程造价咨询企业按资质等级分类汇总统计数据如图3-4所示。

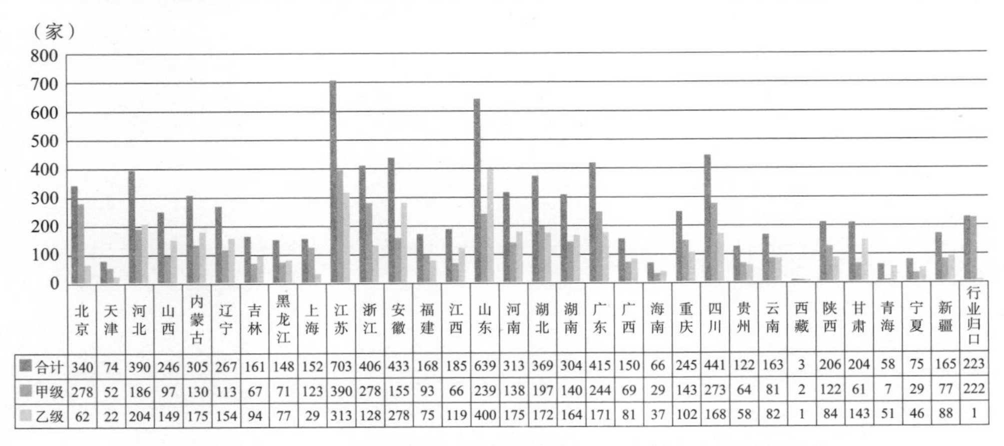

	北京	天津	河北	山西	内蒙古	辽宁	吉林	黑龙江	上海	江苏	浙江	安徽	福建	江西	山东	河南	湖北	湖南	广东	广西	海南	重庆	四川	贵州	云南	西藏	陕西	甘肃	青海	宁夏	新疆	行业归口
合计	340	74	390	246	305	267	161	148	152	703	406	433	168	185	639	313	369	304	415	150	66	245	441	122	163	3	206	204	58	75	165	223
甲级	278	52	186	97	130	113	67	71	123	390	278	155	93	66	239	138	197	140	244	69	29	143	273	64	81	2	122	61	7	29	77	222
乙级	62	22	204	149	175	154	94	77	29	313	128	278	75	119	400	175	172	164	171	81	37	102	168	58	82	1	84	143	51	46	88	1

图3–4　2018年各省市工程造价咨询企业按资质等级分类数量变化

2016～2018年各省市工程造价咨询企业按资质分类统计如表3-5所示。

2016～2018年各省市工程造价咨询企业按资质分类统计表 表3-5

序号	省市	2016年		2017年				2018年			
		合计（家）	甲级（家）	合计（家）	增长（%）	甲级（家）	增长（%）	合计（家）	增长（%）	甲级（家）	增长（%）
	合计	7505	3381	7800	3.93	3737	10.53	8139	4.35	4236	13.35
1	北京	295	219	323	9.49	247	12.79	340	5.26	278	12.55
2	天津	52	34	44	−15.38	34	0.00	74	68.18	52	52.94
3	河北	348	143	343	−1.44	154	7.69	390	13.70	186	20.78
4	山西	203	64	230	13.30	82	28.13	246	6.96	97	18.29
5	内蒙古	266	81	279	4.89	99	22.22	305	9.32	130	31.31
6	辽宁	260	97	269	3.46	104	7.22	267	−0.74	113	8.65
7	吉林	144	46	148	2.78	53	15.22	161	8.78	67	26.42
8	黑龙江	193	53	204	5.70	66	24.53	148	−27.45	71	7.58
9	上海	153	112	152	−0.65	119	6.25	152	—	123	3.36
10	江苏	626	316	640	2.24	338	6.96	703	9.84	390	15.38
11	浙江	395	244	399	1.01	257	5.33	406	1.75	278	8.17
12	安徽	358	117	378	5.59	126	7.69	433	14.55	155	23.02
13	福建	183	83	189	3.28	91	9.64	168	−11.11	93	2.20
14	江西	170	50	182	7.06	56	12.00	185	1.65	66	17.86
15	山东	605	191	641	5.95	216	13.09	639	−0.31	239	10.65
16	河南	307	90	310	0.98	113	25.56	313	0.97	138	22.12
17	湖北	332	153	353	6.33	173	13.07	369	4.53	197	13.87
18	湖南	282	116	298	5.67	122	5.17	304	2.01	140	14.75
19	广东	378	207	402	6.35	225	8.70	415	3.23	244	8.44
20	广西	115	50	137	19.13	60	20.00	150	9.49	69	15.00
21	海南	50	20	56	12.00	23	15.00	66	17.86	29	26.09
22	重庆	232	118	242	4.31	132	11.86	245	1.24	143	8.33
23	四川	413	222	415	0.48	245	10.36	441	6.27	273	11.43
24	贵州	101	38	108	6.93	49	28.95	122	12.96	64	30.61
25	云南	189	70	154	−18.52	69	−1.43	163	5.84	81	17.39
26	西藏	9	2	—	—	—	—	3		2	

续表

序号	省市	2016 年		2017 年				2018 年			
		合计（家）	甲级（家）	合计（家）	增长（%）	甲级（家）	增长（%）	合计（家）	增长（%）	甲级（家）	增长（%）
27	陕西	167	95	192	14.97	113	18.95	206	7.29	122	7.96
28	甘肃	171	24	192	12.28	38	58.33	204	6.25	61	60.53
29	青海	47	6	51	8.51	6	0.00	58	13.73	7	16.67
30	宁夏	55	21	64	16.36	26	23.81	75	17.19	29	11.54
31	新疆	166	59	169	1.81	65	10.17	165	−2.37	77	18.46
32	行业归口	240	240	236	−1.67	236	−1.67	223	−5.51	222	−5.93

第二节 从业人员结构分析

一、行业人员结构趋于稳定，从业人员数量稳步增加

2018 年，工程造价咨询企业数量规模扩大，工程造价咨询企业从业人员数量随之增多。其中，正式聘用员工占比增加，行业正向更加稳定的方向发展。2018 年末，工程造价咨询企业从业人员 537015 人，比上年增长 5.8%。其中，正式聘用员工 497933 人，占 92.7%；临时聘用人员 39082 人，占 7.3%。

根据 2016 ～ 2018 年末统计数据，工程造价咨询企业从业人员分别为 462216 人、507521 人、537015 人，分别比其上一年增长 11.5%、9.8%、5.8%。其中，正式聘用员工分别为 426730 人、466389 人、497933 人，分别占年末从业人员总数的 92.32%、91.90%、92.7%；临时聘用人员分别为 35486 人、41132 人、39082 人，分别占年末从业人员总数的 7.68%、8.10%、7.3%。

工程造价咨询企业从业人员情况如表 3-6 所示。

工程造价咨询企业从业人员情况表（人）　　表 3-6

序号	年份	期末从业人员		
		合计	正式聘用人员	临时工作人员
1	2016 年	462216	426730	35486
2	2017 年	507521	466389	41132
3	2018 年	537015	497933	39082

2016 ～ 2018 年，工程造价咨询企业从业人员数量统计变化如图 3-5 所示。

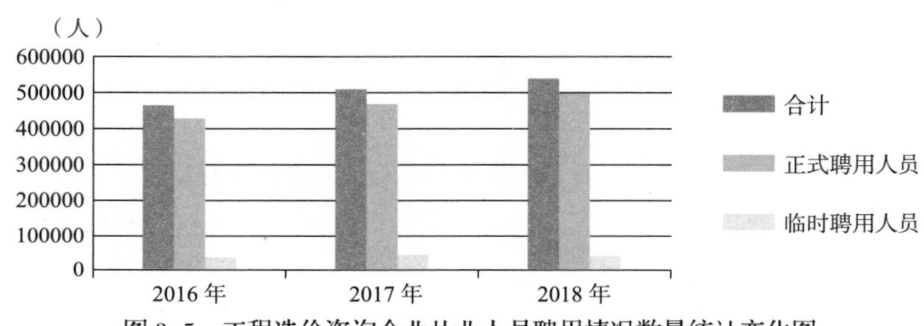

图 3–5　工程造价咨询企业从业人员聘用情况数量统计变化图

从上述图表可见，近三年我国工程造价咨询企业从业人员总数逐年上升，且增长态势趋于平缓，其中正式聘用员工数量逐年上升，说明该行业发展趋于稳定，从业人员结构不断趋于优化，有利于工程造价咨询企业提升管理水平和服务质量。

二、注册造价工程师增速放缓，行业技术人才结构不断改善

随工程造价咨询行业规模扩大，注册造价工程师需求量逐年增长。但资格考试难度逐渐增加以及国家整治“挂证”现象使得注册造价工程师增速放缓。2018 年末，工程造价咨询企业共有注册造价工程师 91128 人，比上年增长 3.6%，占全部造价咨询企业从业人员 17.0%。其他专业注册执业人员 73360 人，占比 13.66%；其分布如图 3-6 所示。

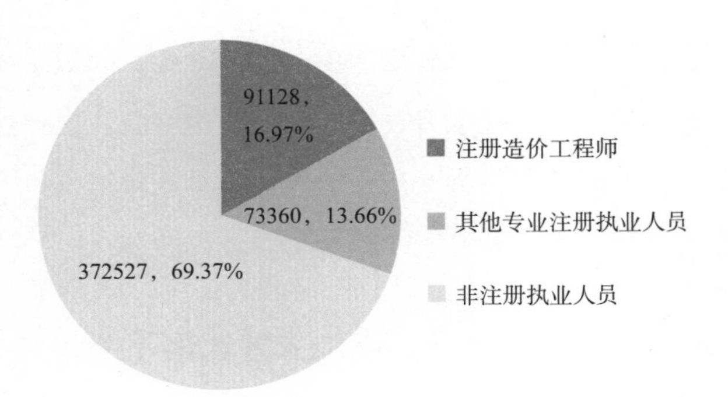

图 3–6　专业执业（从业）人员分布情况

2016～2018 年末，工程造价咨询企业中，拥有注册造价工程师分别为 81088 人、87963 人、91128 人，占年末从业人员总数的 17.54%、17.33%、17.0%，分别比其上一年增长 10.2%、8.48%、3.6%。

注册（登记）执业（从业）人员情况如表 3-7 所示。

注册（登记）执业（从业）人员情况表（人）　　表 3-7

序号	年份	注册（登记）执业（从业）人员情况	
		注册造价工程师	期末其他专业注册执业人员
1	2016 年	81088	57410
2	2017 年	87963	65387
3	2018 年	91128	73360

其中，2016～2018 年工程造价咨询企业从业人员注册情况如图 3-7 所示。

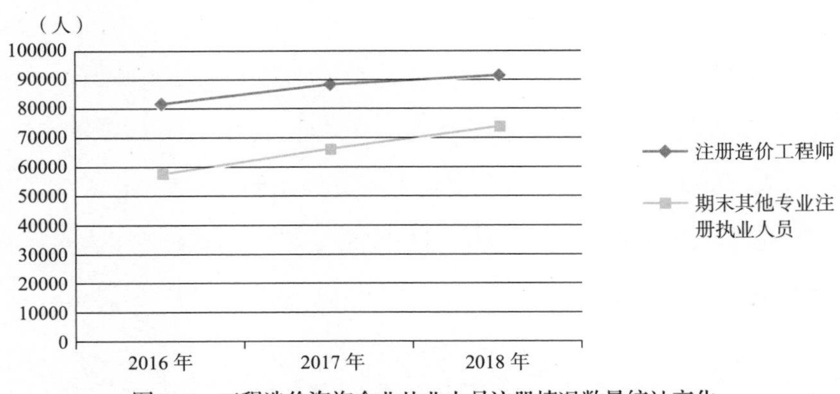

图 3–7　工程造价咨询企业从业人员注册情况数量统计变化

通过以上列表及图示信息可以看出2016～2018年，我国工程造价咨询企业拥有注册造价工程师的数量逐年上升，同时拥有其他专业注册执业人员数量也在逐年增长。表明我国工程造价咨询企业专业人才总量连年增长，专业化程度不断提升，一定程度上说明该行业技术人才结构得到较好改善。

三、行业人才质量逐年提升，高端人才比例不断攀升

2018年末，工程造价咨询企业共有专业技术人员346752人，占全体从业人员比例为64.57%（其中，高级职称人员80041人，中级职称人员178398人，初级职称人员88313人，各级别职称人员占专业技术人员比例分别为23.1%、51.4%、25.5%），其分布如图3-8所示。

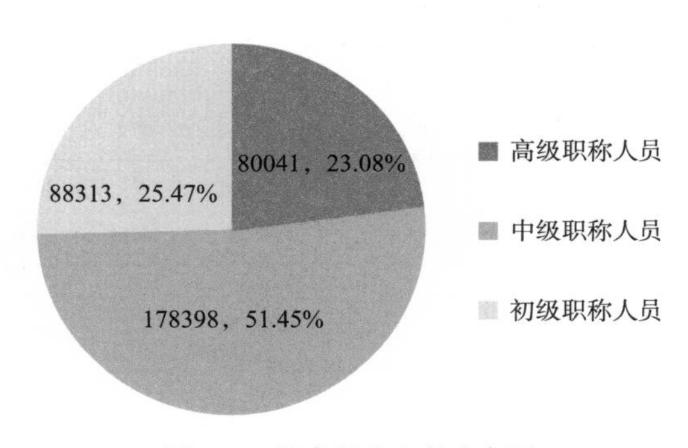

图3–8　技术职称人员分布图

2016～2018年末，工程造价咨询企业共有专业技术人员分别为314749人、339692人、346752人，占年末从业人员总数的68.10%、66.93%、64.57%，分别比其上一年增长11.39%、7.92%、2.1%。其中，高级职称人员分别为67869人、77506人、80041人，占全部专业技术人员的比例分别为21.56%、22.81%、23.1%，分别比其上一年增长13.93%、14.20%、3.27%。专业技术人员职称情况如表3-8所示。

专业技术人员职称情况表（人）　　表 3-8

序号	年份	期末专业技术人员			
		合计	高级职称人员	中级职称人员	初级职称人员
1	2016 年	314749	67869	161365	85515
2	2017 年	339692	77506	173401	88785
3	2018 年	346752	80041	178398	88313

其中，2016～2018 年工程造价咨询企业专业技术人员数量统计变化如图 3-9 所示。

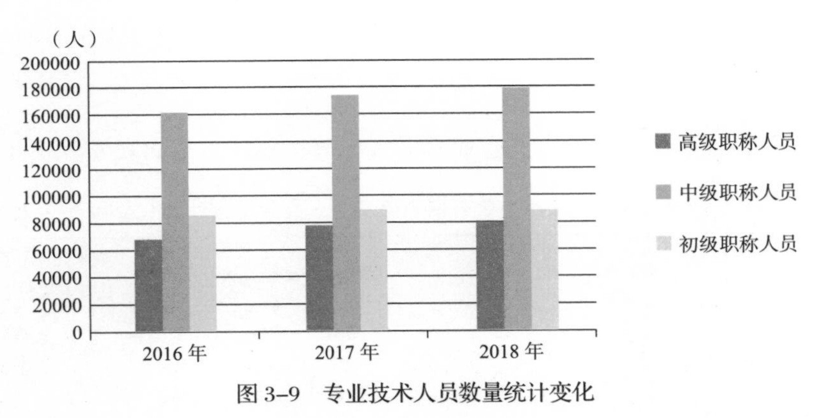

图 3-9　专业技术人员数量统计变化

2016～2018 年，我国工程造价咨询企业拥有专业技术人员规模呈上升趋势，但自 2016 年专业技术人员数量出现较大增长后，2017、2018 年增长速度持续放缓。其中，高级职称人员的规模呈现出一定程度的增长，但其占全部专业技术人员的比例基本不变。中级职称人员依然占比最高，初级职称人员次之。因此，在当前情况下应努力改善工程造价咨询行业高端人才比例结构，促进行业人才结构快速升级。

四、各省市工程造价咨询企业从业人员分布不均衡

我国不同省市工程造价咨询企业从业人员分布差异较大，四川、山东由于地理环境、行业发展水平等原因，工程造价咨询从业人员与专业技术人员总数

均居前列。四川、广东、山东等地从业人员总数排前三位，分别高达42463人、38465人、34743人，同时四川、山东、广东等地专业技术人员总数排前三位，分别高达28567人、22754人、21666人，其中拥有高级职称人员数量排前三位的省市为四川、江苏、北京。就期末注册（登记）执业（从业）人员数量而言，江苏、山东和北京等地的企业中注册造价工程师总数排前三位，分别高达8522人、6682人、6599人，四川、广东、山东等地其他专业注册执业人员总数排前三位，分别高达8223人、4521人、4498人。虽然海南、青海、西藏等地因为地域发展等一系列原因，工程造价咨询从业人员与专业技术人员总数较少，总体情况同往年一致，但这三个省市拥有中高级职称人员与注册造价工程师所占比例较大，行业从业人员结构优良。

2018年各省市工程造价咨询企业从业人员分类统计数量如表3-9所示。

2018年各省市工程造价咨询企业从业人员分类统计表（人）　　表3-9

序号	省市	期末从业人员			期末专业技术人员				期末注册（登记）执业（从业）人员	
		合计	正式聘用人员	临时工作人员	合计	高级职称人员	中级职称人员	初级职称人员	注册造价工程师	期末其他专业注册执业人员
	合计	537015	497933	39082	346752	80041	178398	88313	91128	73360
1	北京	34123	32331	1792	17595	4219	8956	4420	6599	2908
2	天津	5910	4963	947	3922	891	1776	1255	907	666
3	河北	15353	13948	1405	9989	1878	6087	2024	3587	1702
4	山西	7569	6310	1259	4831	724	3473	634	2281	730
5	内蒙古	7571	6803	768	5597	1222	3536	839	2544	550
6	辽宁	7183	6897	286	5170	1109	2978	1083	2358	396
7	吉林	6519	5819	700	4665	1353	2214	1098	1384	962
8	黑龙江	3844	3386	458	2808	800	1571	437	1198	397
9	上海	11609	10544	1065	6491	1367	3417	1707	3089	991
10	江苏	27126	25851	1275	19371	4326	10294	4751	8522	2887
11	浙江	30689	29589	1100	20016	3116	10197	6703	5337	4432
12	安徽	20577	17633	2944	13699	2871	7435	3393	3932	2499

续表

序号	省市	期末从业人员			期末专业技术人员				期末注册（登记）执业（从业）人员	
		合计	正式聘用人员	临时工作人员	合计	高级职称人员	中级职称人员	初级职称人员	注册造价工程师	期末其他专业注册执业人员
13	福建	15829	15161	668	10845	1761	5337	3747	2016	3274
14	江西	6835	6355	480	4547	758	2676	1113	1700	633
15	山东	34743	31978	2765	22754	3441	11769	7544	6682	4498
16	河南	19348	17468	1880	12063	1654	6244	4165	3217	2560
17	湖北	13760	12771	989	8334	1552	5378	1404	3676	1331
18	湖南	12758	11584	1174	8068	1147	5438	1483	3025	1815
19	广东	38465	37505	960	21666	3936	10867	6863	4998	4521
20	广西	9661	9346	315	5340	1217	2962	1161	1518	1690
21	海南	2322	2210	112	1404	247	781	376	593	277
22	重庆	12126	11348	778	6535	1315	3649	1571	2657	1456
23	四川	42463	39587	2876	28567	5504	16290	6773	5481	8223
24	贵州	10001	8898	1103	6230	1481	2990	1759	1244	2196
25	云南	8284	7385	899	5180	998	2539	1643	1561	917
26	西藏	152	147	5	74	26	34	14	29	18
27	陕西	15339	13461	1878	9979	1694	5452	2833	2429	2478
28	甘肃	10447	8822	1625	7689	1322	3976	2391	1589	1857
29	青海	1350	1260	90	947	258	429	260	390	204
30	宁夏	2663	2503	160	1769	346	911	512	696	258
31	新疆	4843	4459	384	3100	681	1924	495	1622	463
32	行业归口	97553	91611	5942	67507	26827	26818	13862	4267	15571

结合 2016 ～ 2018 年数据，我国工程造价咨询行业的发展仍然具有明显的区域不平衡特点，工程造价咨询行业的执业（专业）人员更愿意在经济状况良好且具有区位优势的地区就业。2018 年，天津、北京、广东从业人员数量的涨幅最为明显，其中天津经历 2016 年与 2017 年从业人员数量增长率、正式人员数量增长率和注册造价工程师数量增长率三项数量指标持续下降后，于 2018 年触底

反弹，三项数据均位居榜首，与当地2018年行业规模发展相吻合；北京从业人员与注册造价工程师数量持续增长，但增幅放缓；广东由于其行业发展优势明显，从业人员数量加速增长，但注册造价工程师增长速度下降。海南省从业人员总数增速并不突出，但注册造价工程师数量增速位列前三，人才结构优化明显。2016～2018年，各省市从业人员数量增长情况如表3-10所示。各省市期末注册（登记）执业（从业）人员情况如表3-11所示。

各省市期末从业人员情况　表3-10

序号	省市	2016年		2017年				2018年			
		合计（人）	其中正式聘用人员（人）	合计（人）	增长（%）	其中正式聘用人员（人）	增长（%）	合计（人）	增长（%）	其中正式聘用人员（人）	增长（%）
	合计	462216	426730	507521	9.80	466389	9.29	537015	5.81	497933	6.76
1	北京	21206	20022	28428	34.06	26742	33.56	34123	20.03	32331	20.90
2	天津	4962	4560	4093	−17.51	3638	−20.22	5910	44.39	4963	36.42
3	河北	13321	12025	13860	4.05	12563	4.47	15353	10.77	13948	11.02
4	山西	6519	5445	7152	9.71	6003	10.25	7569	5.83	6310	5.11
5	内蒙古	6699	5855	7046	5.18	6210	6.06	7571	7.45	6803	9.55
6	辽宁	7103	6749	7067	−0.51	6759	0.15	7183	1.64	6897	2.04
7	吉林	5806	5240	6256	7.75	5538	5.69	6519	4.20	5819	5.07
8	黑龙江	5216	4540	5644	8.21	4705	3.63	3844	−31.89	3386	−28.03
9	上海	16490	13923	15831	−4.00	13673	−1.80	11609	−26.67	10544	−22.88
10	江苏	24009	22812	25197	4.95	24038	5.37	27126	7.66	25851	7.54
11	浙江	26941	25436	28030	4.04	26614	4.63	30689	9.49	29589	11.18
12	安徽	17466	15397	19550	11.93	16455	6.87	20577	5.25	17633	7.16
13	福建	16116	15251	17274	7.19	16478	8.05	15829	−8.37	15161	−7.99
14	江西	5969	5637	6589	10.39	6096	8.14	6835	3.73	6355	4.25
15	山东	27458	25131	32265	17.51	29625	17.88	34743	7.68	31978	7.94
16	河南	15760	14824	17753	12.65	16653	12.34	19348	8.98	17468	4.89
17	湖北	11146	10504	12059	8.19	11193	6.56	13760	14.11	12771	14.10
18	湖南	11583	10755	12716	9.78	11607	7.92	12758	0.33	11584	−0.20
19	广东	29457	28801	33300	13.05	32575	13.10	38465	15.51	37505	15.13

续表

序号	省市	2016年		2017年				2018年			
		合计（人）	其中正式聘用人员（人）	合计（人）	增长（%）	其中正式聘用人员（人）	增长（%）	合计（人）	增长（%）	其中正式聘用人员（人）	增长（%）
20	广西	7597	7349	9100	19.78	8811	19.89	9661	6.16	9346	6.07
21	海南	2042	1974	2133	4.46	2005	1.57	2322	8.86	2210	10.22
22	重庆	10006	9442	10512	5.06	9948	5.36	12126	15.35	11348	14.07
23	四川	38109	35633	39492	3.63	37974	6.57	42463	7.52	39587	4.25
24	贵州	7518	6758	9267	23.26	8555	26.59	10001	7.92	8898	4.01
25	云南	8700	7887	8232	−5.38	7355	−6.75	8284	0.63	7385	0.41
26	西藏	246	228	—	—	—	—	152	—	147	—
27	陕西	11784	10371	14363	21.89	12340	18.99	15339	6.80	13461	9.08
28	甘肃	10257	9347	11359	10.74	10406	11.33	10447	−8.03	8822	−15.22
29	青海	1315	1210	1211	−7.91	1132	−6.45	1350	11.48	1260	11.31
30	宁夏	2418	2242	2795	15.59	2643	17.89	2663	−4.72	2503	−5.30
31	新疆	4947	4674	5204	5.20	4790	2.48	4843	−6.94	4459	−6.91
32	行业归口	84050	76708	93743	11.53	83265	8.55	97553	4.06	91611	10.02

各省市期末注册（登记）执业（从业）人员情况 表 3-11

序号	省市	2016年		2017年				2018年			
		注册造价工程师（人）	其他专业注册执业人员（人）	注册造价工程师（人）	增长（%）	其他专业注册执业人员（人）	增长（%）	注册造价工程师（人）	增长（%）	其他专业注册执业人员（人）	增长（%）
	合计	81088	57410	87963	8.48	65387	13.89	91128	3.60	73360	12.19
1	北京	4979	1269	5783	16.15	2188	72.42	6599	14.11	2908	32.91
2	天津	679	639	659	−2.95	606	−5.16	907	37.63	666	9.90
3	河北	3275	1248	3409	4.09	1570	25.80	3587	5.22	1702	8.41
4	山西	1879	542	2119	12.77	585	7.93	2281	7.65	730	24.79
5	内蒙古	2152	420	2331	8.32	485	15.48	2544	9.14	550	13.40
6	辽宁	2283	348	2451	7.36	359	3.16	2358	−3.79	396	10.31
7	吉林	1210	642	1291	6.69	871	35.67	1384	7.20	962	10.45
8	黑龙江	1366	376	1583	15.89	458	21.81	1198	−24.32	397	−13.32

续表

序号	省市	2016年		2017年				2018年			
		注册造价工程师（人）	其他专业注册执业人员（人）	注册造价工程师（人）	增长（%）	其他专业注册执业人员（人）	增长（%）	注册造价工程师（人）	增长（%）	其他专业注册执业人员（人）	增长（%）
9	上海	2938	2556	3201	8.95	2189	−14.36	3089	−3.50	991	−54.73
10	江苏	7428	2142	8128	9.42	2398	11.95	8522	4.85	2887	20.39
11	浙江	4816	3386	5095	5.79	3669	8.36	5337	4.75	4432	20.80
12	安徽	3291	1841	3498	6.29	2347	27.49	3932	12.41	2499	6.48
13	福建	2171	3474	2199	1.29	3334	−4.03	2016	−8.32	3274	−1.80
14	江西	1442	415	1605	11.30	567	36.63	1700	5.92	633	11.64
15	山东	5872	3097	6613	12.62	4164	34.45	6682	1.04	4498	8.02
16	河南	2965	2186	3125	5.40	2364	8.14	3217	2.94	2560	8.29
17	湖北	3241	939	3519	8.58	1068	13.74	3676	4.46	1331	24.63
18	湖南	2706	1551	3001	10.90	1917	23.60	3025	0.80	1815	−5.32
19	广东	4593	2898	4848	5.55	3567	23.08	4998	3.09	4521	26.75
20	广西	1206	1330	1426	18.24	1663	25.04	1518	6.45	1690	1.62
21	海南	451	196	491	8.87	236	20.41	593	20.77	277	17.37
22	重庆	2534	624	2613	3.12	599	−4.01	2657	1.68	1456	143.07
23	四川	4688	6091	5117	9.15	7316	20.11	5481	7.11	8223	12.40
24	贵州	1013	1080	1141	12.64	1552	43.70	1244	9.03	2196	41.49
25	云南	1810	949	1645	−9.12	919	−3.16	1561	−5.11	917	−0.22
26	西藏	62	23					29		18	
27	陕西	1951	1537	2390	22.50	1770	15.16	2429	1.63	2478	40.00
28	甘肃	1333	2077	1570	17.78	2295	10.50	1589	1.21	1857	−19.08
29	青海	299	164	344	15.05	109	−33.54	390	13.37	204	87.16
30	宁夏	557	187	647	16.16	261	39.57	696	7.57	258	−1.15
31	新疆	1534	416	1653	7.76	505	21.39	1622	−1.88	463	−8.32
32	行业归口	4364	12767	4468	2.38	13456	5.40	4267	−4.50	15571	15.72

其中，不同省市注册造价工程师数量变化的统计分析如图 3-10 所示。

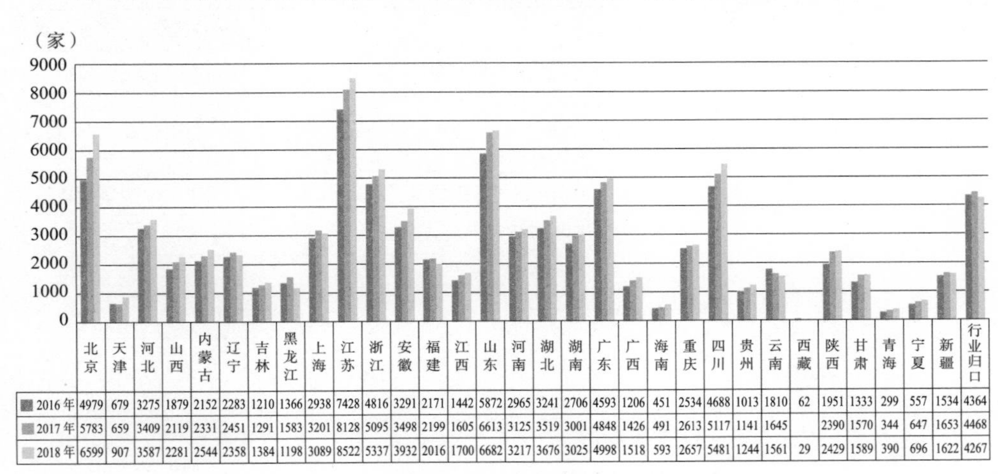

	北京	天津	河北	山西	内蒙古	辽宁	吉林	黑龙江	上海	江苏	浙江	安徽	福建	江西	山东	河南
2016 年	4979	679	3275	1879	2152	2283	1210	1366	2938	7428	4816	3291	2171	1442	5872	2965
2017 年	5783	659	3409	2119	2331	2451	1291	1583	3201	8128	5095	3498	2199	1605	6613	3125
2018 年	6599	907	3587	2281	2544	2358	1384	1198	3089	8522	5337	3932	2016	1700	6682	3217

	湖北	湖南	广东	广西	海南	重庆	四川	贵州	云南	西藏	陕西	甘肃	青海	宁夏	新疆	行业归口
2016 年	3241	2706	4593	1206	451	2534	4688	1013	1810	62	1951	1333	299	557	1534	4364
2017 年	3519	3001	4848	1426	491	2613	5117	1141	1645		2390	1570	344	647	1653	4468
2018 年	3676	3025	4998	1518	593	2657	5481	1244	1561	29	2429	1589	390	696	1622	4267

图 3-10　各省市注册造价工程师数量统计变化

第三节　市场集中度分析

市场集中度是对行业市场结构集中程度的测量指标，用以衡量行业内企业数目和相对规模的差异，是行业市场势力的重要量化指标。市场绝对集中度（*CRn*）是指行业相关市场内前 *n* 家企业所占市场份额的总和，一般用这 *n* 家企业的某一业务指标占该行业该业务总量的百分比来表示。

据统计，2018 年，排名前百位工程造价咨询企业造价咨询业务收入与上年排名前百位企业相比总体呈现出增长趋势。2018 年工程造价咨询企业造价咨询业务收入前 100 名排序如表 3-12 所示。

通过对表 3-12 中前百名企业市场份额占有率的进一步计算，发现即使工程造价咨询业务收入排名在前 100 的工程造价咨询企业规模依旧较小，缺乏较为成熟的领军企业。这是由于工程造价咨询服务横跨的专业较多，不同专业都有特定的标准定额和技术规范体系，并且不同专业市场通常都有较高的进入门槛，导致

2018 年工程造价咨询企业造价咨询业务收入前 100 名排序表　　表 3-12

排名	企业名称	归口地区或行业	资质等级
1	天职（北京）国际工程项目管理有限公司	北京市	甲级
2	建银工程咨询有限责任公司	北京市	甲级
3	中竞发工程管理咨询有限公司	北京市	甲级
4	信永中和（北京）国际工程管理咨询有限公司	北京市	甲级
5	上海东方投资监理有限公司	上海市	甲级
6	北京泛华国金工程咨询有限公司	北京市	甲级
7	万邦工程管理咨询有限公司	浙江省	甲级
8	中大信（北京）工程造价咨询有限公司	北京市	甲级
9	天健工程咨询有限公司	北京市	甲级
10	上海第一测量师事务所有限公司	上海市	甲级
11	华昆工程管理咨询有限公司	云南省	甲级
12	华诚博远工程咨询有限公司	北京市	甲级
13	上海申元工程投资咨询有限公司	上海市	甲级
14	上海沪港建设咨询有限公司	上海市	甲级
15	四川开元工程项目管理咨询有限公司	四川省	甲级
16	立信国际工程咨询有限公司	上海市	甲级
17	北京思泰工程咨询有限公司	北京市	甲级
18	中联国际工程管理有限公司	北京市	甲级
19	中瑞华建工程项目管理（北京）有限公司	北京市	甲级
20	浙江科佳工程咨询有限公司	浙江省	甲级
21	北京中天恒达工程咨询有限责任公司	北京市	甲级
22	建成工程咨询股份有限公司	广东省	甲级
23	北京中建华工程咨询有限公司	北京市	甲级
24	建经投资咨询有限公司	浙江省	甲级
25	上海大华工程造价咨询有限公司	上海市	甲级
26	正中国际工程咨询有限公司	江苏省	甲级
27	四川华信工程造价咨询事务所有限责任公司	四川省	甲级
28	北京中瑞岳华工程管理咨询有限公司	北京市	甲级
29	北京恒诚信工程咨询有限公司	北京市	甲级
30	北京兴中海建工程造价咨询有限公司	北京市	甲级
31	陕西鸿英工程造价咨询有限公司	陕西省	甲级

续表

排名	企业名称	归口地区或行业	资质等级
32	浙江科信联合工程项目管理咨询有限公司	浙江省	甲级
33	华春建设工程项目管理有限责任公司	陕西省	甲级
34	上海中世建设咨询有限公司	上海市	甲级
35	华联世纪工程咨询股份有限公司	广东省	甲级
36	云南云岭工程造价咨询有限公司	云南省	甲级
37	中审华国际工程咨询（北京）有限公司	北京市	甲级
38	北京求实工程管理有限公司	北京市	甲级
39	中正信造价咨询有限公司	山东省	甲级
40	中诚工程建设管理（苏州）股份有限公司	江苏省	甲级
41	广州市新誉工程咨询有限公司	广东省	甲级
42	中国建筑西南设计研究院有限公司	四川省	甲级
43	江苏苏亚金诚工程管理咨询有限公司	江苏省	甲级
44	中国建设银行股份有限公司广东省分行	广东省	甲级
45	中兴铂码工程咨询有限公司	北京市	甲级
46	北京中昌工程咨询有限公司	北京市	甲级
47	江苏兴光项目管理有限公司	江苏省	甲级
48	中国建设银行股份有限公司天津市分行	天津市	甲级
49	中冠工程管理咨询有限公司	浙江省	甲级
50	上海正弘建设工程顾问有限公司	上海市	甲级
51	希格玛工程造价咨询有限公司	陕西省	甲级
52	宁波德威工程造价投资咨询有限公司	浙江省	甲级
53	浙江天平投资咨询有限公司	浙江省	甲级
54	华审（北京）工程造价咨询有限公司	北京市	甲级
55	中德华建（北京）国际工程技术有限公司	北京市	甲级
56	北京东方华太工程咨询有限公司	北京市	甲级
57	山东德勤招标评估造价咨询有限公司	山东省	甲级
58	北京筑标建设工程咨询有限公司	北京市	甲级
59	友谊国际工程咨询有限公司	湖南省	甲级
60	捷宏润安工程顾问有限公司	江苏省	甲级
61	北京中证天通工程造价咨询有限公司	北京市	甲级
62	四川省名扬建设工程管理有限公司	四川省	甲级

续表

排名	企业名称	归口地区或行业	资质等级
63	北京华审金建工程造价咨询有限公司	北京市	甲级
64	中博信工程项目管理（北京）有限公司	北京市	甲级
65	中煤科工集团北京华宇工程有限公司	北京市	甲级
66	广东省国际工程咨询有限公司	广东省	甲级
67	华盛兴伟工程咨询有限公司	江苏省	甲级
68	江苏天宏华信工程投资管理咨询有限公司	江苏省	甲级
69	中国建设银行股份有限公司上海市分行	上海市	甲级
70	北京永拓工程咨询股份有限公司	北京市	甲级
71	北京京园诚得信工程管理有限公司	北京市	甲级
72	中道明华建设工程项目咨询有限责任公司	四川省	甲级
73	四川正信建设工程造价事务所有限公司	四川省	甲级
74	中审世纪工程造价咨询（北京）有限公司	北京市	甲级
75	鸿利项目管理有限公司	宁夏	甲级
76	上海财瑞建设管理有限公司	上海市	甲级
77	江苏富华工程造价咨询有限公司	江苏省	甲级
78	江苏仁禾中衡工程咨询房地产估价有限公司	江苏省	甲级
79	中国建设银行股份有限公司北京市分行	北京市	甲级
80	广州市建鋐建筑技术咨询有限公司	广东省	甲级
81	中磊工程造价咨询有限责任公司	北京市	甲级
82	广东信仕德建设项目管理有限公司	广东省	甲级
83	永道工程咨询有限公司	广东省	甲级
84	北京天健中宇工程咨询有限公司	北京市	甲级
85	浙江耀信工程咨询有限公司	浙江省	甲级
86	中铁第一勘察设计院集团有限公司	铁道	甲级
87	上海文汇工程咨询有限公司	上海市	甲级
88	天津市兴业工程造价咨询有限责任公司	天津市	甲级
89	四川同兴达建设咨询有限公司	四川省	甲级
90	四川良友建设咨询有限公司	四川省	甲级
91	立信中德勤（北京）工程咨询有限公司	北京市	甲级
92	广州菲达建筑咨询有限公司	广东省	甲级
93	山东新联谊工程造价咨询有限公司	山东省	甲级

续表

排名	企业名称	归口地区或行业	资质等级
94	四川华通建设工程造价管理有限责任公司	四川省	甲级
95	四川大家工程项目管理有限公司	四川省	甲级
96	浙江华夏工程管理有限公司	浙江省	甲级
97	浙江金诚工程造价咨询事务所有限公司	浙江省	甲级
98	四川成化工程项目管理有限公司	四川省	甲级
99	中汇工程咨询有限公司	浙江省	甲级
100	陕西正衡工程项目管理有限公司	陕西省	甲级

我国工程造价咨询行业市场集中度偏低。

根据我国工程造价咨询行业前100名工程造价咨询企业工程造价咨询业务市场集中度数据信息来看，2016～2018年期间工程造价咨询业务市场集中度总体较低，在经历2017年的小幅下降后，2018年趋于平缓。

注：本章数据来源于2018年工程造价咨询统计资料汇编。

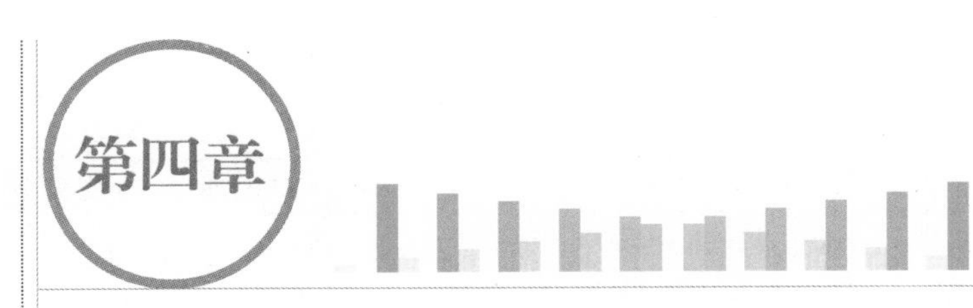

第四章 行业收入统计分析

第一节 营业收入统计分析

一、工程造价咨询行业营业收入平稳增长

2016～2018 年整体营业收入区域汇总情况如表 4-1 所示。根据表 4-1 中 2018 年整体营业收入的相关数据绘制 2018 年整体营业收入基本情况，如图 4-1 所示。

2016～2018 年整体营业收入区域汇总表（亿元） 表 4-1

区域	省份	2016 年			2017 年			2018 年		
		工程造价咨询业务收入	其他业务收入	整体营业收入	工程造价咨询业务收入	其他业务收入	整体营业收入	工程造价咨询业务收入	其他业务收入	整体营业收入
合计		595.72	608.04	1203.76	661.17	807.97	1469.14	772.49	948.96	1721.45
华北地区	北京	65.61	13.67	79.29	75.63	19.01	94.64	105.37	32.32	137.70
	天津	5.99	7.70	13.70	6.98	7.07	14.05	10.57	9.58	20.14
	河北	14.55	12.47	27.02	15.30	13.44	28.74	18.03	14.68	32.71
	山西	9.11	3.41	12.52	9.51	4.23	13.74	10.78	4.85	15.64
	内蒙古	9.64	3.02	12.66	11.18	3.59	14.77	12.89	4.09	16.99
东北地区	辽宁	10.05	2.27	12.32	10.09	2.64	12.73	11.83	2.63	14.47
	吉林	9.32	4.84	14.15	10.88	5.64	16.52	7.70	6.42	14.12
	黑龙江	7.99	1.91	9.90	7.59	2.58	10.17	5.88	1.72	7.60

续表

区域	省份	2016年			2017年			2018年		
		工程造价咨询业务收入	其他业务收入	整体营业收入	工程造价咨询业务收入	其他业务收入	整体营业收入	工程造价咨询业务收入	其他业务收入	整体营业收入
华东地区	上海	37.97	30.97	68.95	42.56	30.61	73.17	48.36	33.88	82.24
	江苏	54.72	38.99	93.71	62.17	45.01	107.18	74.28	73.74	148.01
	浙江	46.03	33.48	79.52	48.56	32.14	80.70	59.18	40.69	99.86
	安徽	16.07	19.04	35.11	19.09	21.20	40.29	22.3	23.85	46.15
	福建	9.68	16.10	25.78	10.70	19.92	30.62	11.77	18.17	29.94
	江西	6.61	8.43	15.03	7.32	8.93	16.25	9.54	9.32	18.87
	山东	31.33	25.38	56.71	36.16	31.55	67.71	43.86	39.85	83.70
华中地区	河南	13.94	14.48	28.42	17.05	14.73	31.78	19.99	36.66	56.65
	湖北	18.59	5.92	24.51	21.80	7.53	29.33	25.05	41.47	66.52
	湖南	17.33	14.37	31.70	19.62	22.49	42.11	21.83	15.82	37.65
华南地区	广东	36.53	36.47	73.00	41.86	45.98	87.84	51.02	52.65	103.67
	广西	6.43	8.93	15.36	7.13	11.06	18.19	8.66	12.62	21.28
	海南	2.86	1.08	3.94	3.00	1.14	4.14	3.87	1.29	5.16
西南地区	重庆	20.44	5.70	26.14	20.75	5.64	26.39	23.72	8.85	32.57
	四川	41.63	53.19	94.82	45.25	61.35	106.60	51.79	45.44	97.23
	贵州	7.66	15.64	23.30	8.68	17.75	26.43	9.56	20.26	29.82
	云南	14.91	3.22	18.13	15.98	4.69	20.67	18.37	4.70	23.08
	西藏	0.40	0.24	0.65				0.20	0.18	0.38
西北地区	陕西	13.75	13.43	27.18	16.92	19.76	36.68	19.20	21.20	40.40
	甘肃	4.67	9.83	14.50	5.65	12.74	18.39	6.13	10.60	16.73
	青海	1.84	2.70	4.53	1.78	2.62	4.40	1.88	2.56	4.44
	宁夏	3.75	1.36	5.11	3.73	1.60	5.33	3.91	1.25	5.16
	新疆	8.25	3.45	11.70	8.50	4.37	12.87	8.89	4.45	13.34
行业归口		48.08	196.35	244.43	49.76	326.95	376.71	46.09	353.16	399.25

从以上统计结果分析可知：

1. 工程造价咨询行业营业收入稳步增长

2018年，我国工程造价咨询行业营业收入稳中有升，全国工程造价咨询企业整体营业收入为1721.45亿元，较2017年增加252.31亿元，同比上升17.17个百分点，整体发展势头良好。

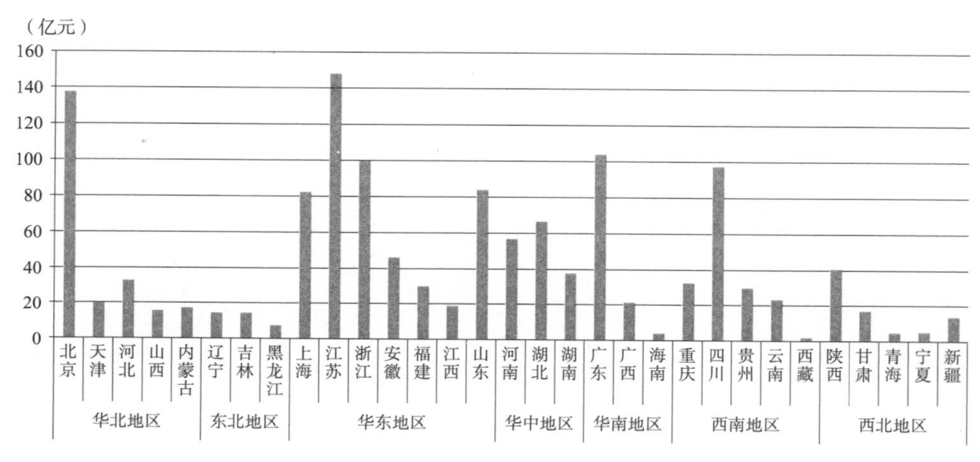

图4–1　2018年整体营业收入基本情况

2. 江苏、北京、广东行业收入位居三甲，地区间发展仍不均衡

2018年整体营业收入排名前三的分别是江苏148.01亿元、北京137.70亿元、广东103.67亿元。

工程造价咨询行业在各地区间发展不均衡。在华北地区，北京整体营业收入为137.70亿元，明显高于天津、山西等其他省份；在华东地区，江苏、浙江、上海、山东工程造价咨询企业整体营业收入均突破80亿元，是江西、福建的两倍多；在华南地区，广东省实现103.67亿元的营业收入；在西南地区，四川省整体营业收入独占鳌头，高达97.23亿元，显著高于重庆、贵州、云南、西藏。2018年各省份全社会固定资产投资与工程造价咨询行业整体营业收入对比情况也体现了地区发展的不均衡，具体如表4-2所示。

2018 年全社会固定资产投资与营业收入对比情况　　表 4-2

区域	省份	全社会固定资产投资（亿元）	营业收入（亿元）	营业收入占比（%）
华北地区	北京	8062.24	137.70	1.71
	天津	10643.31	20.14	0.19
	河北	35310.99	32.71	0.09
	山西	6490.93	15.64	0.24
	内蒙古	10472.14	16.99	0.16
东北地区	辽宁	6683.15	14.47	0.22
	吉林	13483.15	14.12	0.10
	黑龙江	10558.95	7.60	0.07
华东地区	上海	7623.42	82.24	1.08
	江苏	55915.21	148.01	0.26
	浙江	33335.95	99.86	0.30
	安徽	32629.95	46.15	0.14
	福建	29400.02	29.94	0.10
	江西	24536.77	18.87	0.08
	山东	56459.68	83.70	0.15
华中地区	河南	47445.48	56.65	0.12
	湖北	35378.55	66.52	0.19
	湖南	34460.91	37.65	0.11
华南地区	广东	41488.10	103.67	0.25
	广西	22713.01	21.28	0.09
	海南	3609.73	5.16	0.14
西南地区	重庆	18661.41	32.57	0.17
	四川	28065.30	97.23	0.35
	贵州	17949.00	29.82	0.17
	云南	20617.98	23.08	0.11
	西藏	2252.00	0.38	0.02
西北地区	陕西	26248.96	40.40	0.15
	甘肃	5474.14	16.73	0.31
	青海	4181.63	4.44	0.11
	宁夏	3119.34	5.16	0.17
	新疆	8823.14	13.34	0.15

注：天津、辽宁、黑龙江、山东、河南、湖北、湖南、广西、海南、云南、新疆全社会固定资产投资不含农户投资。

通过统计结果分析可知，2018年全国31个省市自治区中，全社会固定资产投资排名前三的地区是山东、江苏、河南，分别为56459.68亿元、55915.21亿元、47445.48亿元；全社会固定资产投资排名前三的地区其营业收入排名亦靠前，而与此相呼应的是营业收入垫底的几个省份固定资产投资排名也相对靠后，故从全社会固定资产投资与营业收入对比情况分析可知，部分省份工程造价咨询企业整体营业收入偏低的原因可能与当年全社会固定资产投资额较少有关。

二、企业营业收入保持平稳态势

2016～2018年平均每家工程造价咨询企业整体营业收入的变化情况如表4-3和图4-2所示。

2016～2018年平均每家企业整体营业收入变化情况　　表4-3

区域	省份	平均每家营业收入					
		2016年（万元/家）	2017年（万元/家）	增长率（%）	2018年（万元/家）	增长率（%）	平均增长（%）
合计		1656.93	1883.51	13.67	2115.06	12.29	12.98
华北地区	北京	2687.80	2930.03	9.01	4050.00	38.22	23.62
	天津	2634.62	3193.18	21.20	2721.62	-14.77	3.22
	河北	776.44	837.90	7.92	838.72	0.10	4.01
	山西	616.75	597.39	-3.14	635.77	6.42	1.64
	内蒙古	475.94	529.39	11.23	557.05	5.22	8.23
	区域平均	1438.31	1617.58	12.46	1760.63	8.84	10.65
东北地区	辽宁	473.85	473.23	-0.13	541.95	14.52	7.20
	吉林	982.64	1116.22	13.59	877.02	-21.43	-3.92
	黑龙江	512.95	498.53	-2.81	513.51	3.01	0.10
	区域平均	656.48	695.99	6.02	644.16	-7.45	-0.71
华东地区	上海	4506.54	4813.82	6.82	5410.53	12.40	9.61
	江苏	1496.96	1674.69	11.87	2105.41	25.72	18.80
	浙江	2013.16	2022.56	0.47	2459.61	21.61	11.04
	安徽	980.73	1065.87	8.68	1065.82	0.00	4.34

续表

区域	省份	平均每家营业收入					
		2016 年（万元 / 家）	2017 年（万元 / 家）	增长率（%）	2018 年（万元 / 家）	增长率（%）	平均增长（%）
华东地区	福建	1408.74	1620.11	15.00	1782.14	10.00	12.50
	江西	884.12	892.86	0.99	1020.00	14.24	7.61
	山东	937.36	1056.32	12.69	1309.86	24.00	18.35
	区域平均	1746.80	1878.03	7.51	2164.77	15.27	11.39
华中地区	河南	925.73	1025.16	10.74	1809.90	76.55	43.64
	湖北	738.25	830.88	12.55	1802.71	116.96	64.76
	湖南	1124.11	1413.09	25.71	1238.49	-12.36	6.68
	区域平均	929.37	1089.71	17.25	1617.03	48.39	32.82
华南地区	广东	1931.22	2185.07	13.14	2498.07	14.32	13.73
	广西	1335.65	1327.74	-0.59	1418.67	6.85	3.13
	海南	788.00	739.29	-6.18	781.82	5.75	-0.21
	区域平均	1351.62	1417.37	4.86	1566.19	10.50	7.68
西南地区	重庆	1126.72	1090.50	-3.22	1329.39	21.91	9.35
	四川	2295.88	2568.67	11.88	2204.76	-14.17	-1.14
	贵州	2306.93	2447.22	6.08	2444.26	-0.12	2.98
	云南	959.26	1342.21	39.92	1415.95	5.49	22.71
	西藏	722.22			1266.67		
	区域平均	1482.20	1862.15	25.63	1732.21	-6.98	9.33
西北地区	陕西	1627.54	1910.42	17.38	1961.17	2.66	10.02
	甘肃	847.95	957.81	12.96	820.10	-14.38	-0.71
	青海	963.83	862.75	-10.49	765.52	-11.27	-10.88
	宁夏	929.09	832.81	-10.36	688.00	-17.39	-13.88
	新疆	704.82	761.54	8.05	808.48	6.16	7.11
	区域平均	1014.65	1065.07	4.97	1008.65	-5.30	-0.16
行业归口		10184.58	15962.29	56.73	17903.59	12.16	34.45

通过统计结果分析可知：

1. 全国平均每家企业整体营业收入呈平稳态势

从全国总体变化趋势而言，2016 ～ 2018 年平均每家企业整体营业收入连续稳定增长，2017 年增速为 13.67%，2018 年增幅稍有回落，增长率降至 12.98%。

2. 上海平均每家企业营业收入持续领先，鄂、豫、津、吉出现大幅波动

2016 ～ 2018 年，上海平均每家企业整体营业收入均位居榜首。由图 4-2 可知：2016 ～ 2018 年，全国大部分省市自治区平均每家企业营业收入的变化总体在小范围内上下波动，而湖北、河南、天津、吉林则出现较大程度波动，湖北增长率由 2017 年的 12.55% 上升至 2018 年的 116.96%，变动幅度高达 104.41 个百分点；河南增长率由 2017 年的 10.74% 升至 2018 年的 76.55%，上涨 65.81 个百分点；天津则从 2017 年 21.20% 的正增长转变为 2018 年 −14.77% 的负增长，降幅为 35.97 个百分点；吉林增长率由 2017 年的 13.59% 下降至 2018 年的 −21.43%，下跌 35.02 个百分点。

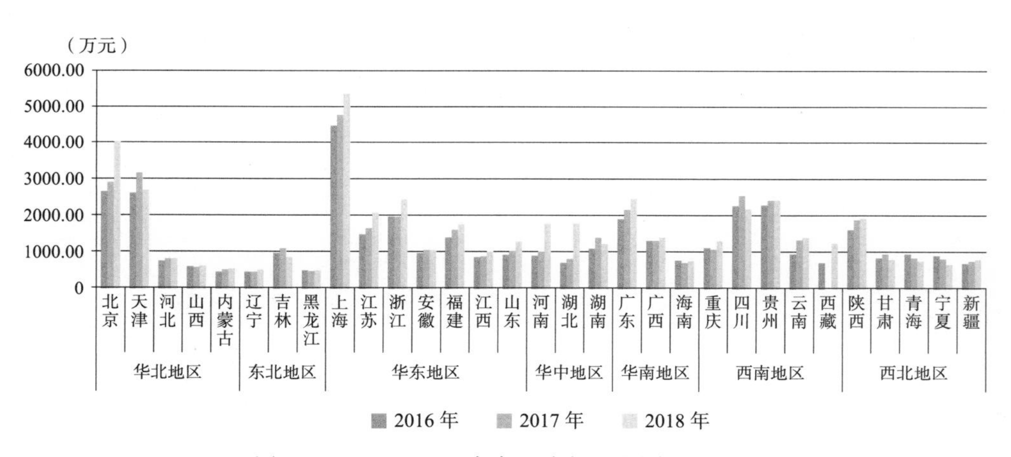

图 4-2　2016 ～ 2018 年各区域企业平均营业收入

三、人均营业收入持续健康增长

2016～2018年平均每位工程造价咨询服务从业人员的整体营业收入变化情况如表4-4及图4-3所示。

2016～2018年各区域从业人员整体营业收入变化情况　　表4-4

区域	省份	人均营业收入					
		2016年（万元/人）	2017年（万元/人）	增长率（%）	2018年（万元/人）	增长率（%）	平均增长（%）
合计		26.04	28.95	11.17	32.06	10.74	10.95
华北地区	北京	37.39	33.29	−10.96	40.35	21.22	5.13
	天津	27.61	34.33	24.33	34.08	−0.73	11.80
	河北	20.28	20.74	2.25	21.31	2.75	2.50
	山西	19.21	19.21	0.01	20.66	7.56	3.78
	内蒙古	18.90	20.96	10.91	22.44	7.05	8.98
	区域平均	24.68	25.71	4.16	27.77	8.02	6.09
东北地区	辽宁	17.34	18.01	3.88	20.14	11.83	7.86
	吉林	24.37	26.41	8.36	21.66	−17.98	−4.81
	黑龙江	18.98	18.02	−5.06	19.77	9.72	2.33
	区域平均	20.23	20.81	2.88	20.53	−1.38	0.75
华东地区	上海	41.81	46.22	10.55	70.84	53.27	31.91
	江苏	39.03	42.54	8.98	54.56	28.27	18.63
	浙江	29.52	28.79	−2.47	32.54	13.02	5.27
	安徽	20.10	20.61	2.53	22.43	8.83	5.68
	福建	16.00	17.73	10.79	18.91	6.71	8.75
	江西	25.18	24.66	−2.06	27.61	11.94	4.94
	山东	20.65	20.99	1.63	24.09	14.80	8.21
	区域平均	27.47	28.79	4.80	35.86	24.54	14.67
华中地区	河南	18.03	17.90	−0.71	29.28	63.56	31.42
	湖北	21.99	24.32	10.61	48.34	98.76	54.68
	湖南	27.37	33.12	20.99	29.51	−10.89	5.05
	区域平均	22.46	25.11	11.81	35.71	42.20	27.00

续表

区域	省份	人均营业收入					
		2016年（万元/人）	2017年（万元/人）	增长率（%）	2018年（万元/人）	增长率（%）	平均增长（%）
华南地区	广东	24.78	26.38	6.45	26.95	2.17	4.31
	广西	20.22	19.99	-1.14	22.03	10.19	4.53
	海南	19.29	19.41	0.62	22.22	14.49	7.56
	区域平均	21.43	21.93	2.31	23.73	8.25	5.28
西南地区	重庆	26.12	25.10	-3.89	26.86	6.99	1.55
	四川	24.88	26.99	8.49	22.90	-15.17	-3.34
	贵州	30.99	28.52	-7.97	29.82	4.55	-1.71
	云南	20.84	25.11	20.49	27.86	10.96	15.72
	西藏	26.42			25.00		
	区域平均	25.85	26.43	2.25	26.49	0.21	1.23
西北地区	陕西	23.07	25.54	10.70	26.34	3.13	6.92
	甘肃	14.14	16.19	14.50	16.01	-1.08	6.71
	青海	34.45	36.33	5.47	32.89	-9.48	-2.01
	宁夏	21.13	19.07	-9.75	19.38	1.61	-4.07
	新疆	23.65	24.73	4.57	27.54	11.38	7.97
	区域平均	23.29	24.37	4.65	24.43	0.25	2.45
行业归口		29.08	40.19	38.19	40.93	1.84	20.02

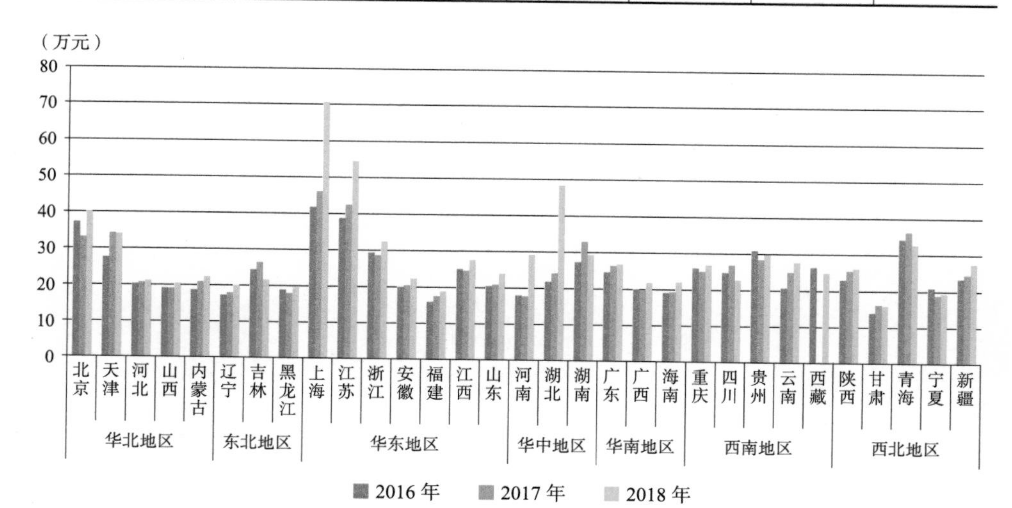

图4-3　2016～2018年各区域从业人员平均营业收入

通过统计结果分析可知：

1. 全国人均营业收入持续提升

从全国整体情况看，2018年工程造价咨询行业从业人员的人均营业收入为32.06万元，增幅为10.74%，增长率较2017年稍有回落，全国人均营业收入平稳增长。

2. 各地区人均收入变化情况各异，湖北、河南两省大幅增长

华北地区的北京变化幅度较大，增长率变化幅度为32.18个百分点；东北地区的吉林人均营业收入变化幅度较大，增长率由2017年的8.36%下降到2018年的-17.98%；华东地区除福建外人均营业收入增长率均呈上升趋势，上海人均营业收入增长率上升42.72个百分点；华中地区湖北、河南两省人均营业收入大幅增长；华南地区各省人均营业收入增长情况各异；西南地区的四川省变化幅度最大，人均营业收入增长率从2017年的8.49%跌至2018年的-15.17%，增速降幅超过20个百分点；西北地区除宁夏和新疆两自治区外，其他各省份人均营业收入增长幅度均有回落。

四、工程造价咨询业务收入增速放缓

工程造价咨询行业营业收入按业务类别可划分为工程造价咨询业务收入和其他业务收入。其中，其他业务收入包括招标代理业务、建设工程监理业务、项目管理业务和工程咨询业务。

2018年工程造价咨询行业整体营业收入按业务类别分类的基本情况如表4-5和图4-4所示。

2018年营业收入按业务类别划分汇总表　　表4-5

区域	省份	工程造价咨询业务收入		其他业务收入					
		合计（亿元）	占比（%）	合计（亿元）	占比（%）	招标代理业务（亿元）	建设工程监理业务（亿元）	项目管理业务（亿元）	工程咨询业务（亿元）
合计		722.49	43.23	948.96	56.77	176.59	339.05	326.57	106.76
华北地区	北京	105.37	76.53	32.32	23.47	13.46	5.50	5.40	7.97
	天津	10.57	52.46	9.58	47.54	4.99	1.98	1.66	0.95
	河北	18.03	55.12	14.68	44.88	5.50	7.49	0.72	0.97
	山西	10.78	68.97	4.85	31.03	2.86	0.91	0.62	0.47
	内蒙古	12.89	75.91	4.09	24.09	2.36	1.58	0.05	0.10
东北地区	辽宁	11.83	81.81	2.63	18.19	2.24	0.12	0.07	0.21
	吉林	7.70	54.53	6.42	45.47	2.03	3.66	0.34	0.40
	黑龙江	5.88	77.37	1.72	22.63	0.79	0.75	0.02	0.16
华东地区	上海	48.36	58.80	33.88	41.20	12.97	15.12	3.07	2.72
	江苏	74.28	50.18	73.74	49.82	16.44	51.47	2.84	2.99
	浙江	59.18	59.26	40.69	40.74	12.78	23.71	1.70	2.50
	安徽	22.30	48.32	23.85	51.68	7.74	13.95	0.72	1.43
	福建	11.77	39.31	18.17	60.69	3.61	13.12	0.93	0.52
	江西	9.54	50.58	9.32	49.42	1.75	3.40	0.98	3.19
	山东	43.86	52.40	39.85	47.60	11.66	23.72	2.12	2.35
华中地区	河南	19.99	35.29	36.66	64.71	17.10	8.67	10.26	0.63
	湖北	25.05	37.66	41.47	62.34	4.73	2.92	33.18	0.64
	湖南	21.83	57.98	15.82	42.02	4.42	8.28	2.00	1.11
华南地区	广东	51.02	49.21	52.65	50.79	13.63	29.65	2.07	7.29
	广西	8.66	40.70	12.62	59.30	4.65	6.97	0.01	1.00
	海南	3.87	75.00	1.29	25.00	0.19	0.75	0.00	0.34
西南地区	重庆	23.72	72.83	8.85	27.17	2.01	5.11	0.34	1.39
	四川	51.79	53.27	45.44	46.73	5.24	32.38	5.28	2.55
	贵州	9.56	32.06	20.26	67.94	3.11	7.51	9.09	0.55
	云南	18.37	79.63	4.70	20.37	1.54	2.92	0.11	0.13
	西藏	0.20	52.63	0.18	47.37	0.15	0.02	0.00	0.00

续表

区域	省份	工程造价咨询业务收入		其他业务收入					
		合计（亿元）	占比（%）	合计（亿元）	占比（%）	招标代理业务（亿元）	建设工程监理业务（亿元）	项目管理业务（亿元）	工程咨询业务（亿元）
西北地区	陕西	19.20	47.52	21.20	52.48	9.48	10.00	0.46	1.26
	甘肃	6.13	36.64	10.60	63.36	2.48	7.63	0.11	0.38
	青海	1.88	42.34	2.56	57.66	0.66	1.29	0.00	0.61
	宁夏	3.91	75.78	1.25	24.22	0.90	0.26	0.07	0.02
	新疆	8.89	66.64	4.45	33.36	2.59	1.32	0.24	0.29
行业归口		46.09	11.54	353.16	88.46	2.54	46.88	242.09	61.65

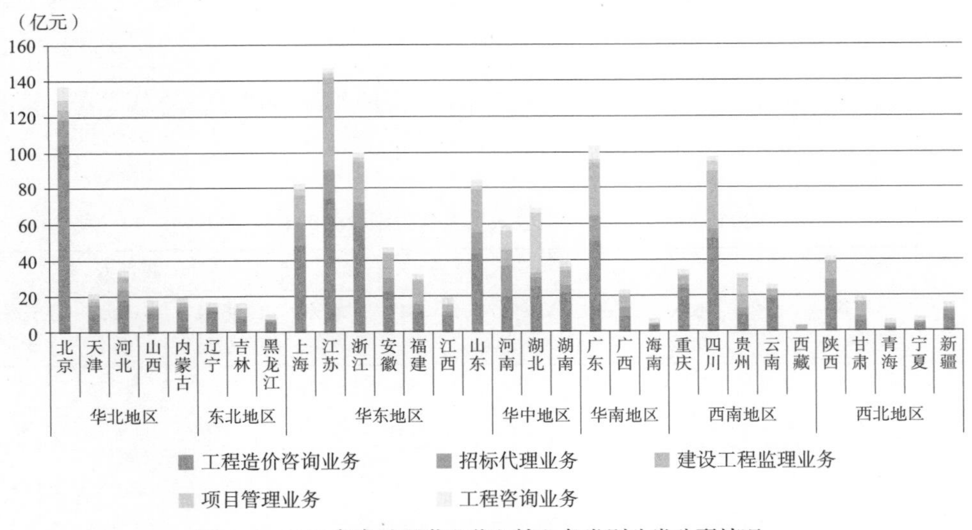

图 4-4　2018 年各地区营业收入按业务类别分类分配情况

通过统计结果分析可知：

1. 工程造价咨询业务收入占比接近五成

2018 年工程造价咨询企业的营业收入为 1671.45 亿元，其中工程造价咨询业务收入 722.49 亿元，占营业收入比例接近五成为 43.23%，其他业务收入 948.96

亿元，其他业务收入中，招标代理业务收入176.59亿元，占整体营业收入比例为10.57%；建设工程监理业务339.05亿元，占比20.28%；项目管理业务收入326.57亿元，占比19.54%；工程咨询业务收入106.76亿元，占比6.39%。

2. 京、苏、浙三省市工程造价咨询业务收入位居三甲

2018年，北京、江苏、浙江三省市工程造价咨询业务收入位居三甲，分别为105.37亿元、74.28亿元、59.18亿元。

2018年全国超过五成省份的工程造价咨询业务收入占比均高于其他业务收入占比。两种业务类型占比差距最大的是辽宁，其工程造价咨询业务收入占比81.81%，而其他业务收入占比仅为18.19%，工程造价咨询业务收入占比约为其他业务的4倍。

2016～2018年工程造价咨询行业营业收入按业务类别分类的总体变化情况如表4-6和图4-5所示。

2016～2018年营业收入按业务类别分类的总体变化　　表4-6

内容		2016年		2017年			2018年		
		收入（亿元）	占比（%）	收入（亿元）	占比（%）	增长率（%）	收入（亿元）	占比（%）	增长率（%）
工程造价咨询业务收入		595.72	49.49	661.17	45.00	10.99	722.49	43.23	9.27
其他业务收入	合计	608.04	50.51	807.97	55.00	32.88	948.96	56.77	17.45
	招标代理业务收入	130.33	10.83	153.83	10.47	18.03	176.59	10.57	14.80
	建设工程监理业务	247.95	20.60	285.64	19.44	15.20	339.05	20.28	18.70
	项目管理业务收入	134.17	11.15	276.27	18.80	105.91	326.57	19.54	18.21
	工程咨询业务收入	95.59	7.94	92.22	6.28	-3.53	106.76	6.39	15.77

通过统计结果分析可知，工程造价咨询业务收入占比持续减小。从变化趋势角度分析，2016～2018年间，工程造价咨询业务收入平稳增长且增速呈现先增

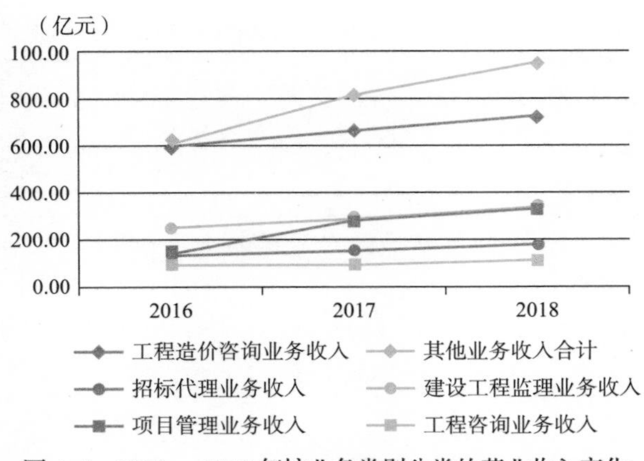

图 4-5　2016 ～ 2018 年按业务类别分类的营业收入变化

加后稍有下降的趋势；其他业务收入占比不断扩大，增长率由 2017 年 32.88% 下降至 2018 年 17.45%。其他业务中，2018 年各业务均有增长，且占比均有增加；项目管理业务收入 2017 年增加 105.91%，2018 年增长率快速回落至 18.21%；工程咨询业务收入 2017 年下跌 3.53%，2018 年有上涨态势，增长率为 15.77%。

第二节　工程造价咨询业务收入统计分析

一、房屋建筑工程专业咨询收入占比过半

工程造价咨询业务收入按专业可划分为房屋建筑工程、市政工程、公路工程、铁路工程、城市轨道交通工程、航空工程、航天工程、火电工程、水电工程、核工业工程、新能源工程、水利工程、水运工程、矿山工程、冶金工程、石油天然气工程、石化工程、化工医药工程、农业工程、林业工程、电子通信工程、广播影视电视工程及其他。按工程建设阶段可划分为前期决策阶段咨询、实施阶段咨询、竣工决算阶段咨询、全过程工程造价咨询、工程造价经济纠纷的鉴定和仲裁咨询及其他。

2018 年工程造价咨询业务收入按专业分类的基本情况如表 4-7 和表 4-8 所示。

2018年按专业分类的工程造价咨询业务收入汇总表（一）（亿元）　　表4-7

区域	省份	工程造价咨询业务收入合计	房屋建筑工程	市政工程	公路工程	铁路工程	城市轨道交通工程	航空工程	航天工程	火电工程	水电工程	核工业工程	新能源工程
			专业1	专业2	专业3	专业4	专业5	专业6	专业7	专业8	专业9	专业10	专业11
合计		772.49	449.57	128.16	38.04	11.81	13.52	2.41	0.45	17.03	12.66	1.31	4.32
华北地区	北京	105.37	60.23	12.58	3.97	1.58	3.78	1.20	0.33	3.51	1.73	0.29	1.38
	天津	10.57	6.42	2.14	0.31	0.02	0.31	0.01	0.01	0.10	0.02	0.00	0.04
	河北	18.03	11.30	3.34	1.03	0.08	0.07	0.00	0.01	0.10	0.16	0.08	0.03
	山西	10.78	6.12	1.18	0.55	0.06	0.00	0.00	0.00	0.25	0.06	0.00	0.07
	内蒙古	12.89	8.02	2.20	0.80	0.09	0.02	0.03	0.00	0.14	0.15	0.00	0.08
东北地区	辽宁	11.83	7.57	1.84	0.33	0.04	0.13	0.02	0.00	0.16	0.20	0.01	0.07
	吉林	7.70	4.55	1.41	0.35	0.02	0.03	0.00	0.00	0.05	0.14	0.00	0.00
	黑龙江	5.88	3.94	0.73	0.25	0.00	0.04	0.00	0.00	0.05	0.04	0.00	0.02
华东地区	上海	48.36	33.79	7.16	0.92	0.19	1.26	0.27	0.01	0.23	0.58	0.00	0.10
	江苏	74.28	47.26	11.87	2.50	0.95	1.25	0.03	0.00	2.16	1.33	0.00	0.35
	浙江	59.18	39.13	10.42	2.87	0.16	0.92	0.00	0.02	0.63	0.97	0.01	0.05
	安徽	22.30	13.81	4.33	1.54	0.14	0.19	0.00	0.00	0.12	0.37	0.00	0.04
	福建	11.77	6.95	2.79	0.75	0.01	0.08	0.00	0.00	0.02	0.19	0.01	0.02
	江西	9.54	5.96	1.75	0.52	0.04	0.02	0.00	0.00	0.36	0.22	0.00	0.03
	山东	43.86	28.54	6.93	1.85	0.18	0.57	0.06	0.01	0.81	0.49	0.04	0.17
华中地区	河南	19.99	12.16	3.90	0.98	0.03	0.07	0.04	0.02	0.66	0.44	0.00	0.09
	湖北	25.05	15.65	4.92	1.16	0.06	0.25	0.00	0.00	0.44	0.35	0.00	0.07
	湖南	21.83	11.63	5.02	1.68	0.11	0.51	0.05	0.00	0.09	0.32	0.02	0.06
华南地区	广东	51.02	30.21	9.71	2.59	0.10	1.41	0.06	0.01	1.87	0.73	0.03	0.22
	广西	8.66	5.09	1.63	0.47	0.04	0.01	0.00	0.00	0.10	0.28	0.02	0.01
	海南	3.87	2.44	0.57	0.39	0.00	0.00	0.00	0.00	0.00	0.06	0.00	0.02
西南地区	重庆	23.72	12.22	6.48	1.57	0.04	0.28	0.02	0.00	0.07	0.38	0.00	0.01
	四川	51.79	28.77	11.47	3.78	0.20	0.77	0.30	0.01	0.13	0.77	0.08	0.11
	贵州	9.56	4.98	2.33	0.85	0.01	0.01	0.02	0.00	0.18	0.17	0.00	0.02
	云南	18.37	8.60	2.52	3.28	0.10	0.12	0.22	0.00	0.04	0.55	0.00	0.05
	西藏	0.20	0.11	0.02	0.07	0.00	0.00	0.00	0.00	0.00	0.00	0.00	0.00

续表

区域	省份	工程造价咨询业务收入合计	房屋建筑工程	市政工程	公路工程	铁路工程	城市轨道交通工程	航空工程	航天工程	火电工程	水电工程	核工业工程	新能源工程
			专业 1	专业 2	专业 3	专业 4	专业 5	专业 6	专业 7	专业 8	专业 9	专业 10	专业 11
西北地区	陕西	19.20	11.65	3.23	0.96	0.06	0.13	0.01	0.01	0.25	0.06	0.00	0.08
	甘肃	6.13	4.37	0.95	0.19	0.00	0.00	0.00	0.00	0.02	0.01	0.01	0.01
	青海	1.88	1.25	0.29	0.13	0.00	0.00	0.00	0.00	0.07	0.00	0.00	0.00
	宁夏	3.91	2.54	0.53	0.17	0.02	0.02	0.00	0.00	0.02	0.01	0.00	0.04
	新疆	8.89	5.40	1.25	0.58	0.02	0.05	0.03	0.00	0.19	0.05	0.02	0.01
行业归口		46.09	8.89	2.69	0.65	7.47	1.22	0.03	0.00	4.22	1.85	0.69	1.07

2018 年按专业分类的工程造价咨询业务收入汇总表（二）(亿元)　　表 4-8

区域	省份	水利工程	水运工程	矿山工程	冶金工程	石油天然气工程	石化工程	化工医药工程	农业工程	林业工程	电子通信工程	广播影视电视工程	其他
		专业 12	专业 13	专业 14	专业 15	专业 16	专业 17	专业 18	专业 19	专业 20	专业 21	专业 22	专业 23
合计		17.65	2.73	5.22	4.10	6.84	5.78	5.26	3.94	1.94	10.16	1.02	28.60
华北地区	北京	1.64	0.32	0.60	0.68	1.20	0.80	1.03	0.48	0.37	2.29	0.24	5.14
	天津	0.13	0.14	0.00	0.00	0.10	0.25	0.13	0.04	0.02	0.04	0.01	0.31
	河北	0.33	0.04	0.05	0.10	0.08	0.15	0.04	0.21	0.12	0.19	0.00	0.54
	山西	0.20	0.01	1.02	0.05	0.06	0.13	0.13	0.10	0.08	0.10	0.00	0.63
	内蒙古	0.19	0.01	0.10	0.03	0.04	0.03	0.06	0.10	0.23	0.16	0.01	0.41
东北地区	辽宁	0.19	0.10	0.01	0.00	0.18	0.17	0.02	0.06	0.03	0.27	0.01	0.42
	吉林	0.18	0.00	0.00	0.00	0.04	0.00	0.00	0.07	0.00	0.68	0.00	0.16
	黑龙江	0.13	0.00	0.00	0.00	0.03	0.02	0.05	0.11	0.01	0.03	0.00	0.44
华东地区	上海	0.89	0.05	0.01	0.21	0.11	0.06	0.35	0.18	0.12	0.36	0.17	1.32
	江苏	1.60	0.26	0.05	0.01	0.12	0.20	0.39	0.28	0.02	0.45	0.08	3.10
	浙江	1.83	0.15	0.01	0.01	0.17	0.13	0.16	0.11	0.08	0.43	0.07	0.84
	安徽	0.63	0.04	0.04	0.17	0.01	0.03	0.04	0.13	0.04	0.13	0.01	0.51
	福建	0.43	0.05	0.03	0.00	0.01	0.01	0.01	0.04	0.02	0.20	0.00	0.14
	江西	0.19	0.01	0.01	0.01	0.06	0.01	0.01	0.03	0.01	0.06	0.01	0.24
	山东	0.92	0.10	0.23	0.19	0.29	0.52	0.35	0.34	0.14	0.31	0.05	0.78

续表

区域	省份	水利工程	水运工程	矿山工程	冶金工程	石油天然气工程	石化工程	化工医药工程	农业工程	林业工程	电子通信工程	广播影视电视工程	其他
		专业 12	专业 13	专业 14	专业 15	专业 16	专业 17	专业 18	专业 19	专业 20	专业 21	专业 22	专业 23
华中地区	河南	0.31	0.00	0.01	0.01	0.06	0.15	0.06	0.09	0.00	0.14	0.02	0.74
	湖北	0.45	0.04	0.01	0.15	0.06	0.05	0.06	0.25	0.06	0.18	0.00	0.87
	湖南	0.48	0.07	0.04	0.01	0.05	0.19	0.09	0.18	0.04	0.42	0.09	0.68
华南地区	广东	0.86	0.17	0.01	0.01	0.10	0.17	0.05	0.09	0.06	0.57	0.01	1.97
	广西	0.30	0.02	0.01	0.01	0.02	0.01	0.00	0.04	0.01	0.03	0.01	0.55
	海南	0.10	0.02	0.00	0.00	0.00	0.00	0.00	0.05	0.02	0.01	0.00	0.19
西南地区	重庆	0.70	0.05	0.01	0.00	0.04	0.01	0.03	0.13	0.08	0.18	0.00	1.42
	四川	1.39	0.04	0.04	0.01	0.50	0.13	0.31	0.48	0.15	1.09	0.07	1.21
	贵州	0.28	0.00	0.03	0.00	0.01	0.03	0.00	0.06	0.02	0.06	0.00	0.50
	云南	0.87	0.01	0.13	0.13	0.04	0.05	0.28	0.08	0.03	0.13	0.05	1.11
	西藏	0.00	0.00	0.00	0.00	0.00	0.00	0.00	0.00	0.00	0.00	0.00	0.00
西北地区	陕西	0.28	0.00	0.17	0.03	0.25	0.11	0.09	0.02	0.05	1.15	0.00	0.62
	甘肃	0.11	0.00	0.00	0.00	0.04	0.01	0.09	0.04	0.04	0.08	0.01	0.14
	青海	0.04	0.00	0.01	0.02	0.00	0.00	0.00	0.01	0.00	0.00	0.00	0.05
	宁夏	0.21	0.00	0.04	0.01	0.02	0.02	0.03	0.03	0.04	0.02	0.00	0.14
	新疆	0.46	0.00	0.02	0.06	0.04	0.02	0.10	0.12	0.02	0.16	0.00	0.27
行业归口		1.35	1.03	2.51	2.19	3.09	2.31	1.32	0.02	0.00	0.26	0.09	3.14

通过统计结果分析可知：

1. 房屋建筑工程专业收入占比过半，体现核心地位

工程造价咨询业务收入按所涉及专业划分，2018年房屋建筑工程专业收入最高为449.57亿元，占全部工程造价咨询业务收入比例的58.20%；市政工程专业收入128.16亿元，占16.59%；公路工程专业收入38.04亿元，占4.92%；水利工程专业收入17.65亿元，占2.28%；火电工程专业收入17.03亿元，占2.20%；其他18个专业收入合计122.04亿元，占15.80%。

2. 北京、浙江分别占据五大专业收入榜首

2018 年房屋建筑工程、市政工程、公路工程、火电工程专业收入最高的地区均为北京，其收入分别为 60.23 亿元、12.58 亿元、3.97 亿元和 3.51 亿元；水利工程专业收入最高的地区为浙江，其收入为 1.83 亿元。

2016 ～ 2018 年按专业分类的工程造价咨询业务收入情况如表 4-9 所示。2016 ～ 2018 年间平均占比最大的前 4 个专业为房屋建筑工程、市政工程、公路工程和火电工程专业，其工程造价咨询业务收入情况如图 4-6 所示。

2016 ～ 2018 年按专业分类的工程造价咨询业务收入情况　　表 4-9

专业分类	2016 年		2017 年			2018 年			平均增长（%）	平均占比（%）
	收入（万元）	占比（%）	收入（万元）	占比（%）	增长率（%）	收入（万元）	占比（%）	增长率（%）		
房屋建筑工程	3489143	58.57	3797883	57.51	8.85	4495700	58.20	18.37	13.61	58.07
市政工程	936679	15.72	1112500	16.85	18.77	1281600	16.59	15.20	16.99	16.38
公路工程	277275	4.65	322061	4.88	16.15	380400	4.92	18.11	17.13	4.82
铁路工程	84122	1.41	83038	1.26	−1.29	118100	1.53	42.22	20.47	1.40
城市轨道交通	97772	1.64	120264	1.82	23.00	135200	1.75	12.42	17.71	1.74
航空工程	14395	0.24	17653	0.27	22.63	24100	0.31	36.52	29.58	0.27
航天工程	4548	0.08	3148	0.05	−30.78	4500	0.06	42.95	6.08	0.06
火电工程	151635	2.55	147569	2.23	−2.68	170300	2.20	15.40	6.36	2.33
水电工程	98801	1.66	119089	1.80	20.53	126600	1.64	6.31	13.42	1.70
核工业工程	5746	0.10	7267	0.11	26.47	13100	0.17	80.27	53.37	0.13
新能源工程	33084	0.56	39160	0.59	18.37	43200	0.56	10.32	14.34	0.57
水利工程	129336	2.17	150032	2.27	16.00	176500	2.28	17.64	16.82	2.24
水运工程	28076	0.47	40305	0.61	43.56	27300	0.35	−32.27	5.65	0.48
矿山工程	53870	0.90	46866	0.71	−13.00	52200	0.68	11.38	−0.81	0.76
冶金工程	37856	0.64	35635	0.54	−5.87	41000	0.53	15.06	4.59	0.57
石油天然气	53844	0.90	60470	0.92	12.31	68400	0.89	13.11	12.71	0.90
石化工程	42642	0.72	54139	0.82	26.96	57800	0.75	6.76	16.86	0.76
化工医药工程	43011	0.72	44986	0.68	4.59	52600	0.68	16.93	10.76	0.69

续表

专业分类	2016 年		2017 年			2018 年			平均增长（%）	平均占比（%）
	收入（万元）	占比（%）	收入（万元）	占比（%）	增长率（%）	收入（万元）	占比（%）	增长率（%）		
农业工程	35296	0.59	32841	0.50	-6.96	39400	0.51	19.97	6.51	0.53
林业工程	11166	0.19	15224	0.23	36.34	19400	0.25	27.43	31.89	0.22
电子通信工程	93457	1.57	84544	1.28	-9.54	101600	1.32	20.17	5.32	1.39
广播影视电视	6722	0.11	7906	0.12	17.61	10200	0.13	29.02	23.31	0.12
其他	228789	3.84	261079	3.95	14.11	286000	3.70	9.55	11.83	3.83

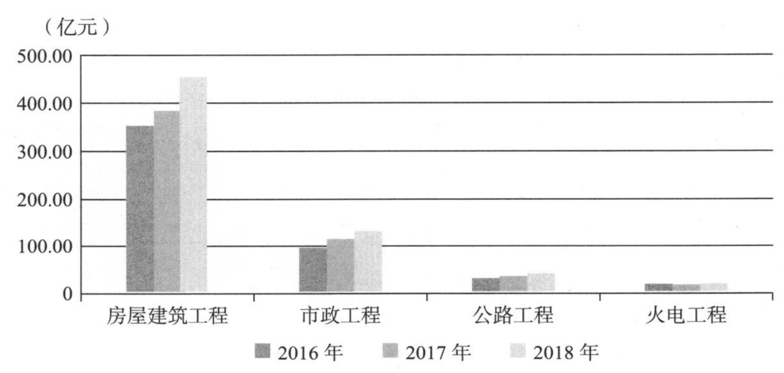

图 4-6　2016 ～ 2018 年分专业收入总体变化（平均占比前四）

通过统计结果分析可知：

1. 房屋建筑工程、市政工程、公路工程、火电工程专业收入平均占比合计超过八成

从占比角度分析，工程造价咨询业务按所涉及专业划分为房屋建筑工程、市政工程、公路工程、火电工程、水利工程、城市轨道交通等 23 个细目。2016 ～ 2018 年，在划分的 23 个专业中，房屋建筑工程、市政工程、公路工程、火电工程专业收入平均占比分别为 58.07%、16.38%、4.82%、2.33%，合计占比 81.60%，可见房屋建筑工程、市政工程、公路工程、火电工程专业收入是工程造价咨询业务收入的主要来源；航天工程、广播影视电视、核工业工程专业收入平均占比靠后，分别为 0.06%、0.12%、0.13%。

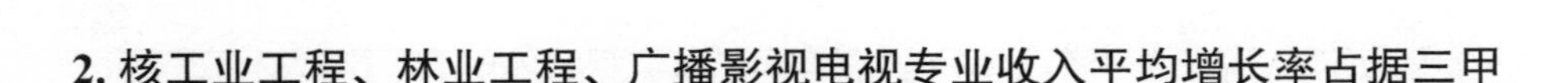

2. 核工业工程、林业工程、广播影视电视专业收入平均增长率占据三甲

从变化趋势角度分析，2016 ～ 2018 年按专业分类的工程造价咨询业务收入除在矿山工程专业表现为平均减少，在其他专业均表现为平均增加。其中核工业工程、林业工程、广播影视电视专业的工程造价咨询业务收入平均增长率排名前三，平均增长率分别为 53.37%、31.89%、23.31%；水运工程波动幅度最大，2017 年专业收入增加 43.56%，2018 年下降 31.27%，变动幅度高达 75.83 个百分点。

二、竣工决算阶段咨询业务收入重要地位凸显

2018 年按工程建设阶段分类的工程造价咨询业务收入如表 4-10 和图 4-7 所示。

2018 年按工程建设阶段分类的工程造价咨询业务收入基本情况（亿元） 表 4-10

区域	省份	合计	前期决策阶段咨询	实施阶段咨询	竣工决算阶段咨询	全过程工程造价咨询	工程造价经济纠纷的鉴定和仲裁的咨询	其他
合计		772.49	69.01	162.81	309.28	198.31	15.74	19.16
华北地区	北京	105.37	6.71	17.93	41.92	34.17	1.46	3.19
	天津	10.57	1.17	2.82	2.57	3.63	0.32	0.05
	河北	18.03	1.50	4.00	8.21	3.33	0.62	0.37
	山西	10.78	0.92	1.97	5.79	1.29	0.20	0.61
	内蒙古	12.89	0.77	1.67	8.25	1.81	0.22	0.17
东北地区	辽宁	11.83	0.99	1.91	5.36	2.60	0.66	0.31
	吉林	7.70	0.80	1.87	3.62	1.06	0.21	0.13
	黑龙江	5.88	0.66	0.93	3.34	0.59	0.12	0.22
华东地区	上海	48.36	2.19	5.32	19.45	20.12	0.44	0.84
	江苏	74.28	3.84	13.03	35.63	17.96	1.93	1.89
	浙江	59.18	3.87	13.02	28.76	12.00	0.86	0.67
	安徽	22.30	2.12	5.37	9.69	4.02	0.82	2.10
	福建	11.77	1.28	4.88	4.20	1.15	0.15	0.11
	江西	9.54	0.75	1.98	4.73	1.74	0.22	0.13
	山东	43.86	3.06	6.09	19.45	13.15	1.36	0.74
华中地区	河南	19.99	2.00	5.81	8.21	2.83	0.59	0.54
	湖北	25.05	2.54	5.45	10.06	6.03	0.45	0.53

续表

区域	省份	合计	前期决策阶段咨询	实施阶段咨询	竣工决算阶段咨询	全过程工程造价咨询	工程造价经济纠纷的鉴定和仲裁的咨询	其他
	湖南	21.83	2.50	5.77	8.94	3.73	0.39	0.50
华南地区	广东	51.02	6.34	13.12	14.55	15.02	0.76	1.22
	广西	8.66	1.21	2.29	3.57	1.24	0.21	0.14
	海南	3.87	0.58	1.00	1.21	0.72	0.21	0.16
西南地区	重庆	23.72	2.92	5.91	8.73	5.20	0.41	0.56
	四川	51.79	5.28	13.88	17.86	12.76	1.13	0.88
	贵州	9.56	0.94	1.64	4.43	1.93	0.37	0.25
	云南	18.37	1.99	3.08	6.14	6.42	0.08	0.66
	西藏	0.20	0.00	0.02	0.10	0.08	0.00	0.00
西北地区	陕西	19.20	1.68	4.23	9.44	2.97	0.35	0.52
	甘肃	6.13	0.75	1.44	2.65	0.89	0.29	0.10
	青海	1.88	0.18	0.61	0.76	0.19	0.05	0.09
	宁夏	3.91	0.08	2.79	0.26	0.61	0.11	0.06
	新疆	8.89	0.73	1.75	4.39	1.65	0.20	0.16
行业归口		46.09	8.65	11.24	7.01	17.40	0.54	1.25

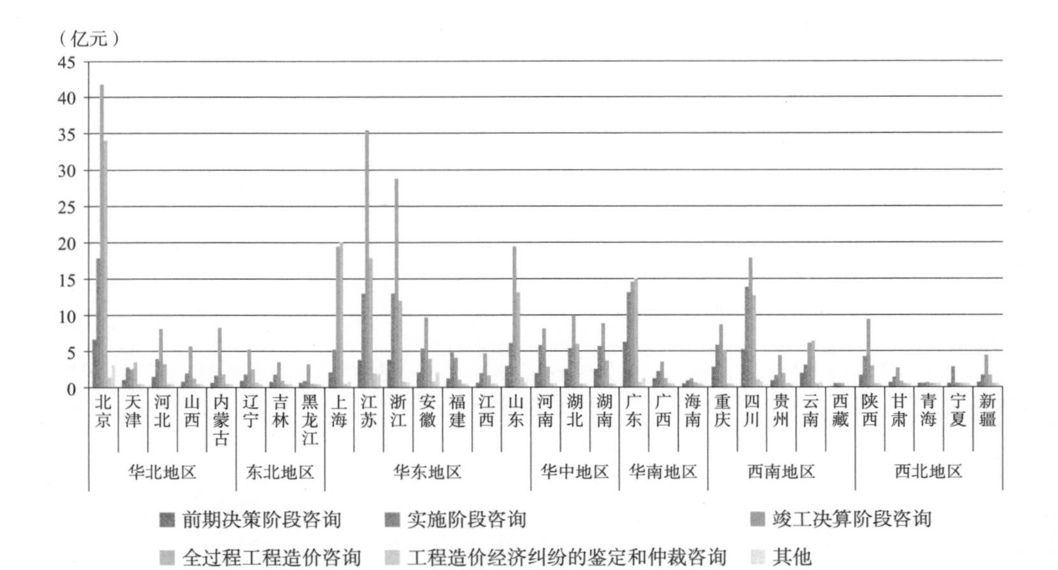

图 4–7　2018 年按工程建设阶段分类的工程造价咨询业务收入变化

通过统计结果分析可知：

1. 按建设阶段划分的竣工决算阶段咨询业务收入占比最高

按工程建设阶段划分，2018 年工程造价咨询业务收入中的前期决策阶段咨询业务收入为 69.01 亿元、实施阶段咨询业务收入 162.81 亿元、竣工决算阶段咨询业务收入为 309.28 亿元、全过程工程造价咨询业务收入 198.31 亿元、工程造价经济纠纷的鉴定和仲裁的咨询业务收入 15.74 亿元，各类业务收入占工程造价咨询业务收入比例分别为 8.93%、21.08%、40.04%、25.67% 和 2.04%。此外，其他工程造价咨询业务收入 19.16 亿元，占 2.48%。

2. 竣工决算阶段咨询收入凸显重要地位

2018 年，在各建设阶段中，前期决策阶段咨询业务收入及实施阶段咨询业务收入在四川、广东、北京均较高；北京、江苏、浙江竣工决算阶段咨询业务收入位列前三，分别为 41.92 亿元、35.63 亿元、28.76 亿元；全过程工程造价咨询业务收入在北京、上海、江苏较高，分别为 34.17 亿元、20.12 亿元、17.96 亿元；工程造价经纠纷的鉴定和仲裁咨询业务收入在江苏、北京、山东较高，分别为 1.93 亿元、1.46 亿元、1.36 亿元；其他业务收入在北京、安徽、江苏较高，分别为 3.19 亿元、2.10 亿元、1.89 亿元。

在工程建设的六个阶段类别中，竣工决算阶段咨询收入在除天津、上海、福建、云南、广东、宁夏外的其余 25 个省、自治区、直辖市的占比均为最高，凸显其在工程造价咨询业务收入中的重要地位。

三、竣工决算阶段、实施阶段收入占比持续保持高位

2016 ～ 2018 年按工程建设阶段分类的工程造价咨询业务收入变化情况如表 4-11 和图 4-8 所示。

2016～2018年按工程建设阶段分类的工程造价咨询收入总体变化　表4-11

阶段分类	2016年		2017年			2018年			平均增长（%）	平均占比（%）
	收入（亿元）	占比（%）	收入（亿元）	占比（%）	增长（%）	收入（亿元）	占比（%）	增长（%）		
前期决策阶段咨询	56.42	9.47	63.09	9.54	11.82	69.01	8.91	9.38	10.60	9.31
实施阶段咨询	138.18	23.20	141.90	21.46	2.69	162.81	21.03	14.74	8.71	21.90
竣工决算阶段咨询	235.74	39.57	264.74	40.04	12.30	309.28	39.94	16.82	14.56	39.85
全过程工程造价咨询	142.73	23.96	164.09	24.82	14.97	198.31	25.61	20.85	17.91	24.80
工程造价鉴定和仲裁	10.63	1.78	12.37	1.87	16.37	15.74	2.03	27.24	21.81	1.89
其他	12.02	2.02	14.98	2.27	24.63	19.16	2.47	27.90	26.26	2.25

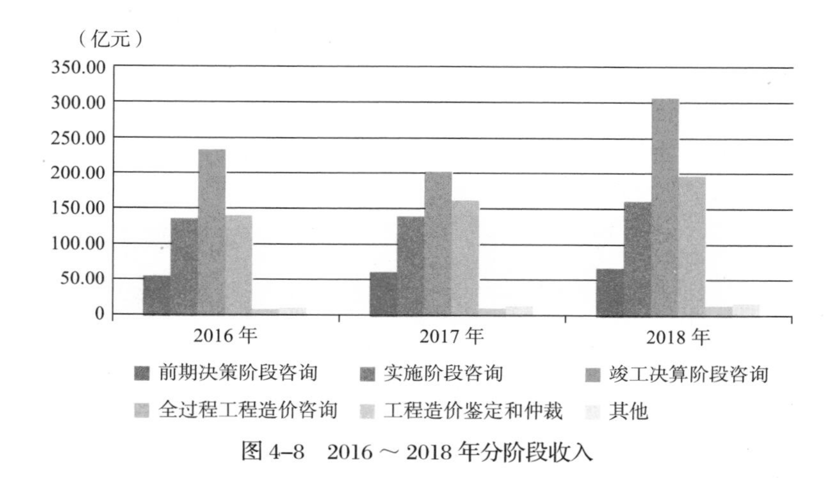

图4–8　2016～2018年分阶段收入

通过统计结果分析可知：

1. 竣工决算阶段、实施阶段、全过程咨询收入占比连续三年稳居前三

2016～2018年各阶段收入占工程造价咨询业务收入比例前三的均为竣工决算阶段咨询、实施阶段咨询、全过程工程造价咨询，工程造价经济纠纷的鉴定和仲裁业务收入连续三年占比垫底。上述收入高低关系说明竣工决算阶段咨询存在较高的核减效益收入，全过程工程造价咨询是工程造价咨询行业的一个发展方向，占比也较高；工程造价经济纠纷的鉴定和仲裁业务收入比例最低，主要原

因是此类业务存在市场准入门槛，专业技术要求高，业务实施难度大。

2. 各阶段咨询收入均逐年增长

2016 ～ 2018 年各阶段咨询收入均呈逐年增长态势，其中前期决策阶段收入增速放缓，实施阶段、竣工决算阶段、全过程工程造价咨询、工程造价鉴定和仲裁以及其他咨询业务收入增速加快；2016 ～ 2018 年各阶段收入中平均增速最快的是其他咨询业务，平均增长率为 26.26%，平均增速最慢的是实施阶段咨询业务，平均增长率为 8.71%。

四、地区发展仍不均衡

2016 ～ 2018 年按工程建设阶段分类的工程造价咨询业务收入区域变化情况如表 4-12 所示。2016 ～ 2018 年华北、东北、华东、华中、华南、西南、西北各地区在各阶段收入中的平均占比如表 4-13 所示。

2016 ～ 2018 年按工程建设阶段分类的工程造价咨询业务收入变化情况　表 4-12
（平均占比排名前四的省份）

省份	2016 年		2017 年			2018 年			平均占比（%）	平均增长（%）
	收入（万元）	占比（%）	收入（万元）	占比（%）	增长率（%）	收入（万元）	占比（%）	增长率（%）		
前期决策阶段收入										
海南	0.43	15.03	0.55	18.33	27.91	0.58	14.99	5.45	16.12	16.68
广西	0.81	12.60	1.29	18.09	59.26	1.21	13.97	−6.20	14.89	26.53
甘肃	0.71	15.20	0.83	14.69	16.90	0.75	12.23	−9.64	14.04	3.63
福建	1.33	13.74	1.43	13.36	7.52	1.28	10.88	−10.49	12.66	−1.49
实施阶段咨询收入										
宁夏	1.72	45.87	1.49	39.95	−13.37	2.79	71.36	87.25	52.39	36.94
福建	4.24	43.80	4.26	39.81	0.47	4.88	41.46	14.55	41.69	7.51
青海	0.62	33.70	0.55	30.90	−11.29	0.61	32.45	10.91	32.35	−0.19
广西	2.45	38.10	2.31	32.40	−5.71	2.29	26.44	−0.87	32.31	−3.29

续表

省份	2016年		2017年			2018年			平均占比（%）	平均增长（%）
	收入（万元）	占比（%）	收入（万元）	占比（%）	增长率（%）	收入（万元）	占比（%）	增长率（%）		
竣工决算阶段咨询收入										
内蒙古	5.87	60.89	6.65	59.48	13.29	8.25	64.00	24.06	61.46	18.67
山西	5.31	58.29	5.59	58.78	5.27	5.79	53.71	3.58	56.93	4.43
黑龙江	4.56	57.07	4.21	55.47	−7.68	3.34	56.80	−20.67	56.45	−14.17
江西	3.71	56.13	4.02	54.92	8.36	4.73	49.58	17.66	53.54	13.01
全过程工程造价咨询收入										
上海	14.89	39.22	17.47	41.05	17.33	20.12	41.60	15.17	40.62	16.25
天津	2.19	36.56	2.34	33.52	6.85	3.63	34.34	55.13	34.81	30.99
云南	4.86	32.60	5.48	34.29	12.76	6.42	34.95	17.15	33.95	14.96
北京	21.57	32.88	24.94	32.98	15.62	34.17	32.43	37.01	32.76	26.32
工程造价经济纠纷的鉴定和仲裁收入										
辽宁	0.45	4.48	0.56	5.55	24.44	0.66	5.58	17.86	5.20	21.15
海南	0.10	3.50	0.09	3.00	−10.00	0.21	5.43	133.33	3.97	61.67
甘肃	0.09	1.93	0.21	3.72	133.33	0.29	4.73	38.10	3.46	85.71
贵州	0.21	2.74	0.26	3.00	23.81	0.37	3.87	42.31	3.20	33.06
其他收入										
安徽	0.22	1.37	0.96	5.03	336.36	2.10	9.42	118.75	5.27	227.56
云南	0.66	4.43	0.68	4.26	3.03	0.66	3.59	−2.94	4.09	0.04
黑龙江	0.22	2.75	0.36	4.74	63.64	0.22	3.74	−38.89	3.75	12.37
山西	0.18	1.98	0.26	2.73	44.44	0.61	5.66	134.62	3.46	89.53

2016～2018年各区域在各阶段收入的平均占比（%）　　表4-13

内容	区域	2016年	2017年	2018年	平均占比
前期决策阶段咨询业务收入	华北地区	7.49	7.62	8.05	7.72
	东北地区	8.67	8.80	9.99	9.15
	华东地区	8.22	7.97	7.35	7.85
	华中地区	11.32	10.85	10.53	10.90
	华南地区	13.51	15.84	13.80	14.38
	西南地区	11.46	12.56	10.79	11.60
	西北地区	11.29	11.08	8.16	10.18

续表

内容	区域	2016 年	2017 年	2018 年	平均占比
实施阶段咨询业务收入	华北地区	20.89	21.33	19.42	20.55
	东北地区	16.28	14.12	18.75	16.38
	华东地区	21.08	20.15	21.53	20.92
	华中地区	28.90	28.40	25.75	27.68
	华南地区	31.25	27.94	26.00	28.40
	西南地区	20.07	22.31	21.41	21.26
	西北地区	30.59	27.76	33.80	30.72
竣工决算阶段咨询业务收入	华北地区	45.25	45.18	45.47	45.30
	东北地区	46.90	43.44	49.71	46.68
	华东地区	45.67	45.35	44.26	45.09
	华中地区	39.67	39.61	40.73	40.00
	华南地区	30.75	33.90	33.67	32.77
	西南地区	40.94	35.55	37.76	38.08
	西北地区	40.61	42.74	37.77	40.37
全过程工程造价咨询业务收入	华北地区	23.11	21.83	22.25	22.40
	东北地区	23.20	27.73	15.26	22.06
	华东地区	21.08	22.26	23.15	22.16
	华中地区	16.20	16.85	18.44	17.16
	华南地区	19.95	17.91	20.79	19.55
	西南地区	23.59	24.98	25.42	24.66

通过统计结果分析可知：

1. 各阶段咨询收入平均占比排名体现地区发展不平衡

从占比角度分析，2016 ～ 2018 年，前期决策阶段咨询收入平均占比前四的省份为海南、广西、甘肃、福建，实施阶段咨询收入平均占比前四的省份为宁夏、福建、青海、广西，竣工决算阶段咨询收入平均占比前四的省份为内蒙古、山西、黑龙江、江西，全过程工程造价咨询收入平均占比前四的省份为上海、天津、云南、北京，工程造价经济纠纷的鉴定和仲裁收入平均占比前四的省份为辽宁、海南、甘肃、贵州，其他咨询业务收入平均占比前四的省份为安徽、云南、黑龙江、山西。

从区域平均占比来看，2016～2018年，前期决策阶段咨询业务收入华南地区各省平均占比最高，实施阶段咨询业务收入西北地区各省平均占比较高，竣工决算阶段咨询业务收入华北、东北、华东地区各省平均占比较高，全过程工程造价咨询业务收入西南地区各省平均占比较高，工程造价经济纠纷的鉴定和仲裁的咨询业务收入东北地区各省平均占比最高。

2. 安徽、山西、甘肃三省阶段咨询收入平均占比增幅表现突出

从各阶段咨询收入平均增幅来看，2016～2018年，安徽、山西其他咨询业务收入平均增长幅度明显，平均增长率分别为227.56%、89.53%；甘肃工程造价经济纠纷的鉴定和仲裁收入平均增长率也高达85.71%。

第三节　财务收入统计分析

一、工程造价咨询行业利润水平略有变化

2016～2018年工程造价咨询企业利润总额变化情况如表4-14和图4-9所示。

2016～2018年利润总额变化情况汇总表　　表4-14

区域	省份	2016年	2017年		2018年		平均增长率（%）
		利润总额（亿元）	利润总额（亿元）	增长率（%）	利润总额（亿元）	增长率（%）	
合计		182.29	194.19	6.53	204.94	5.54	6.03
华北地区	北京	11.79	7.01	−40.54	10.47	49.36	4.41
	天津	2.22	1.84	−17.12	2.40	30.43	6.66
	河北	2.44	2.49	2.05	2.25	−9.64	−3.79
	山西	0.39	0.44	12.82	0.66	50.00	31.41
	内蒙古	0.84	1.53	82.14	1.56	1.96	42.05

续表

区域	省份	2016年	2017年		2018年		平均增长率（%）
		利润总额（亿元）	利润总额（亿元）	增长率（%）	利润总额（亿元）	增长率（%）	
东北地区	辽宁	0.94	0.74	-21.28	0.86	16.22	-2.53
	吉林	2.41	1.71	-29.05	1.50	-12.28	-20.66
	黑龙江	0.47	0.68	44.68	0.56	-17.65	13.52
华东地区	上海	7.20	10.99	52.64	8.99	-18.20	17.22
	江苏	9.87	13.65	38.30	15.70	15.02	26.66
	浙江	7.00	6.74	-3.71	6.40	-5.04	-4.38
	安徽	3.87	3.75	-3.10	4.63	23.47	10.18
	福建	2.20	1.98	-10.00	2.46	24.24	7.12
	江西	3.23	2.69	-16.72	2.29	-14.87	-15.79
	山东	3.66	4.74	29.51	4.79	1.05	15.28
华中地区	河南	2.13	5.32	149.77	2.40	-54.89	47.44
	湖北	3.61	1.62	-55.12	2.03	25.31	-14.91
	湖南	2.88	5.55	92.71	3.04	-45.23	23.74
华南地区	广东	6.69	5.98	-10.61	8.35	39.63	14.51
	广西	1.31	0.85	-35.11	1.24	45.88	5.38
	海南	0.22	0.21	-4.55	0.30	42.86	19.16
西南地区	重庆	1.12	1.39	24.11	1.39	0.00	12.05
	四川	9.23	5.85	-36.62	6.29	7.52	-14.55
	贵州	1.49	1.70	14.09	1.56	-8.24	2.93
	云南	1.76	2.58	46.59	2.15	-16.67	14.96
	西藏	0.06			0.04		
西北地区	陕西	3.16	3.55	12.34	3.79	6.76	9.55
	甘肃	1.37	1.33	-2.92	1.64	23.31	10.19
	青海	0.61	0.36	-40.98	0.49	36.11	-2.44
	宁夏	0.40	0.33	-17.50	0.27	-18.18	-17.84
	新疆	0.79	1.23	55.70	0.95	-22.76	16.47
行业归口		86.91	95.36	9.72	103.50	8.54	9.13

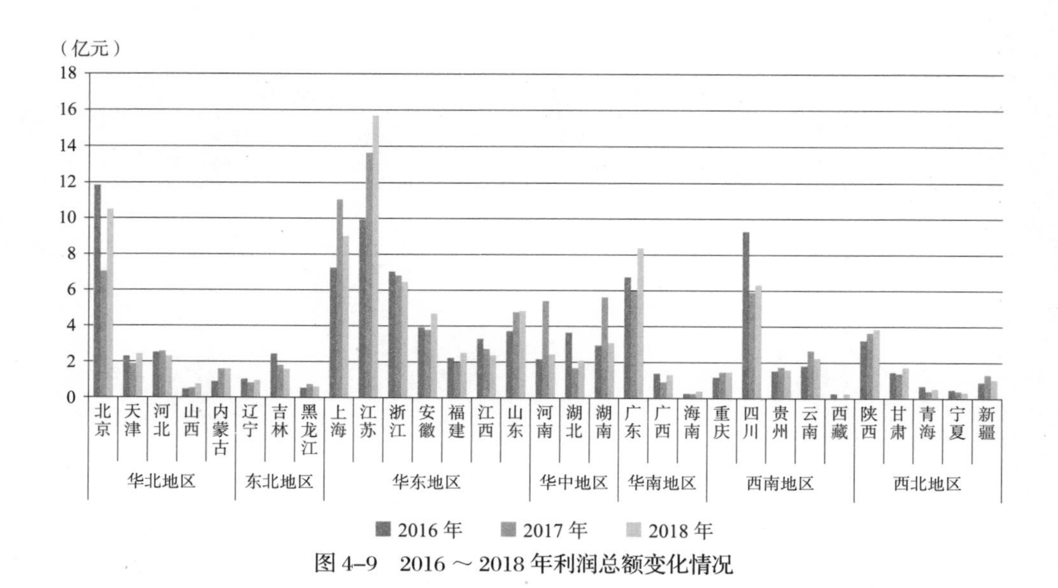

图 4–9　2016 ～ 2018 年利润总额变化情况

通过统计结果分析可知：

1. 工程造价咨询行业利润水平略有变化

2018 年全国工程造价咨询行业利润总额为 204.94 亿元，较上年增加 10.75 亿元，同比增长 5.54%，虽然环比增速小幅回落，但仍保持稳定增长态势，行业发展形势乐观。

2. 山西、北京、广西位居前三

2018 年山西、北京、广西以 50.00%、49.36%、45.88% 的增幅位列前三。除北京、天津、山西、辽宁、吉林、安徽、福建、江西、湖北、广东、广西、海南、四川、甘肃、青海外，其他 15 个省份（不含西藏）增速均低于去年，其中河南继 2017 年创造 149.77% 的巨大增长率后于 2018 年出现 54.89% 的负增长。

二、华东地区利润总额位居首位

2018 年各地区工程造价咨询企业财务状况汇总信息如表 4-15 所示，利润总

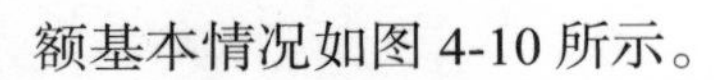

额基本情况如图 4-10 所示。

2018 年各地区财务状况汇总表（亿元）　　表 4-15

区域	省份	营业收入合计	工程造价咨询营业收入	其他收入	利润总额	所得税
合计		1721.45	772.49	948.96	204.94	43.02
华北地区	北京	137.70	105.37	32.32	10.47	2.56
	天津	20.14	10.57	9.58	2.40	0.56
	河北	32.71	18.03	14.68	2.25	0.46
	山西	15.64	10.78	4.85	0.66	0.12
	内蒙古	16.99	12.89	4.09	1.56	0.18
东北地区	辽宁	14.47	11.83	2.63	0.86	0.18
	吉林	14.12	7.70	6.42	1.50	0.32
	黑龙江	7.60	5.88	1.72	0.56	0.09
华东地区	上海	82.24	48.36	33.88	8.99	2.19
	江苏	148.01	74.28	73.74	15.70	3.28
	浙江	99.86	59.18	40.69	6.40	1.73
	安徽	46.15	22.30	23.85	4.63	0.96
	福建	29.94	11.77	18.17	2.46	0.54
	江西	18.87	9.54	9.32	2.29	0.38
	山东	83.70	43.86	39.85	4.79	1.07
华中地区	河南	56.65	19.99	36.66	2.40	0.41
	湖北	66.52	25.05	41.47	2.03	0.34
	湖南	37.65	21.83	15.82	3.04	0.51
华南地区	广东	103.67	51.02	52.65	8.35	1.42
	广西	21.28	8.66	12.62	1.24	0.20
	海南	5.16	3.87	1.29	0.30	0.10
西南地区	重庆	32.57	23.72	8.85	1.39	0.26
	四川	97.23	51.79	45.44	6.29	1.88
	贵州	29.82	9.56	20.26	1.56	0.31
	云南	23.08	18.37	4.70	2.15	0.39
	西藏	0.38	0.20	0.18	0.04	0.00

续表

区域	省份	营业收入合计	工程造价咨询营业收入	其他收入	利润总额	所得税
西北地区	陕西	40.40	19.20	21.20	3.79	2.10
	甘肃	16.73	6.13	10.60	1.64	0.28
	青海	4.44	1.88	2.56	0.49	0.07
	宁夏	5.16	3.91	1.25	0.27	0.05
	新疆	13.34	8.89	4.45	0.95	0.15
行业归口		399.25	46.09	353.16	103.50	19.92

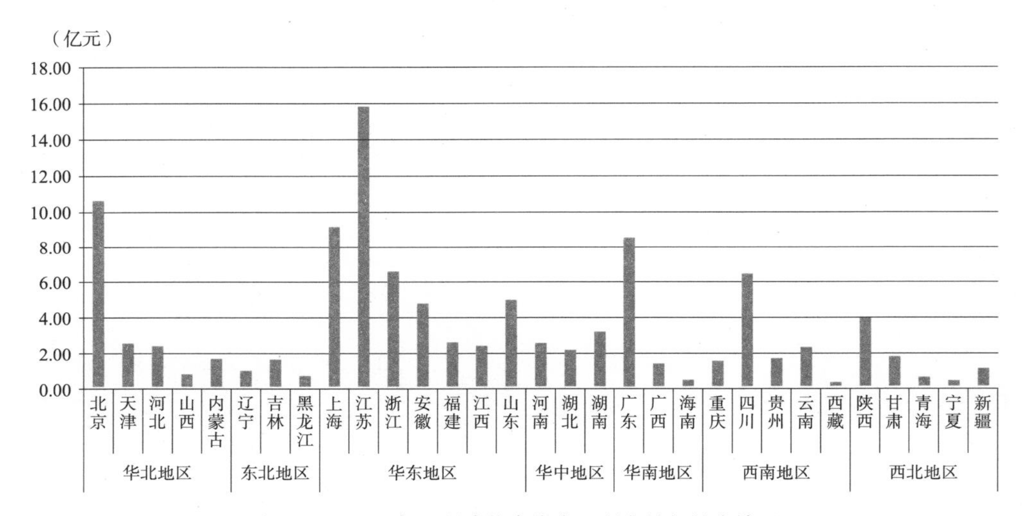

图 4-10　2018 年工程造价咨询企业利润总额基本情况

通过统计结果分析可知：

1. 苏、京、沪利润总额领跑全国

2018 年上报的工程造价咨询企业实现利润总额高达 204.94 亿元，其中，利润总额较高的省市是江苏、北京、上海，分别为 15.70 亿元、10.47 亿元、8.99 亿元。

2. 华东地区工程造价咨询企业整体利润总额较高

从华北、东北、华东、华中、华南、西南、西北七个地区利润总额角度分析，华东地区工程造价咨询企业实现总体利润总额较其他六个地区高；在华北地区，北京实现利润总额最高为10.47亿元；在东北地区，吉林实现利润总额最高为1.50亿元；在华东地区，江苏实现利润总额最高为15.70亿元；在华中地区，湖南实现利润总额最高为3.04亿元；在华南地区，广东实现利润总额最高为8.35亿元；在西南地区，四川实现利润总额最高为6.29亿元；在西北地区，陕西实现利润总额最高为3.79亿元。

注：本章数据来源于2018年工程造价咨询统计资料汇编。

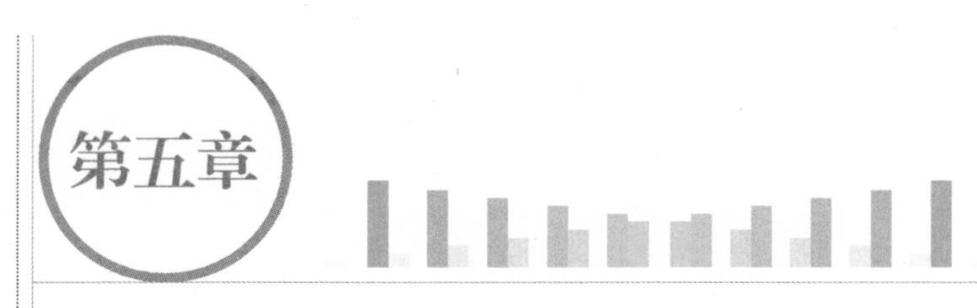

行业存在的主要问题与应对策略

第一节　行业存在的主要问题

一、部分企业总体管理水平亟待提升

近年来，我国工程造价咨询企业管理改革虽然取得一定成效，在一定程度上推动了行业快速发展，但部分企业总体管理水平不高，具体表现在以下几个方面：

（1）一些企业只看重短期效益，缺乏长远规划，尤其不重视人才队伍建设，缺乏适应新时代全过程工程咨询和高端造价业务咨询的卓越人才。由于这类企业占比偏高，影响了行业的可持续发展。

（2）部分企业咨询服务产品同质化严重，价值弱化，咨询业务大都处于常规咨询服务阶段，缺乏对高附加值咨询业务的开拓，企业抗风险能力差，工程造价咨询业务市场集中度总体偏低，缺乏一批优秀的行业领军企业。

（3）一些企业研发投入严重不足，难以形成核心竞争能力。尤其是在当前信息技术革命和国际化发展背景下，故步自封和抱残守缺只会被时代的洪流淘汰。只有加强企业研发投入，不断升级服务品种，始终与建筑产业的技术进步和管理创新同频共振，行业企业才能永葆市场活力。

二、地区壁垒和行业垄断依然严重

1. 企业异地执业门槛高

部分地区对外地企业进入本地市场设置不合理的准入限制或排斥外地企业参与本地咨询项目，如要求外地企业在同一城市的不同区县注册设立多个独立子公司或分公司、设置不合理的资质门槛和不必要的资质认定条件、设置脱离市场实际的不合理评标办法等。这些现象给外地企业带来严重的执业负担，扰乱了市场秩序，同时也阻碍工程造价咨询市场形成公平、开放的格局，在一定程度上提高了企业异地执业的隐形门槛。

2. “信息孤岛”现象依然存在

工程造价咨询行业信息化发展滞后，基础数据分析整理工作仍需加强，数据通用通道尚未打通，工程造价数据交换标准仍需完善。这些现象使得造价咨询行业存在严重的工程造价信息孤岛和信息断层，不利于企业之间的数据共享，对行业发展形成一定的阻碍。

三、行业信用评价体系仍需完善

工程造价咨询企业信用评价体系建设是完善行业自律、促进行业健康发展的首要任务，我国工程造价咨询企业信用评价体系建设尚处于起步阶段，信用评价体系建设过程中仍存在如下问题：

1. 信用评价标准不统一

由于部分地区造价管理机构分头建设信用评价管理平台，建设进度、建设标准差异较大。各地区信用评价结果尚未实现互认，企业异地执业过程中信用多头评价现象依然存在，给企业跨地区经营及信用评价认证造成一定的阻碍。

2. 信用评价结果应用不充分

信用评价结果的应用领域覆盖不全面，引导作用不强，影响力仍需提高。各地区信用信息管理平台与数据库尚未实现互联互通，平台服务方式、服务内容有待创新。地区之间联合奖惩制度落实仍不到位。

3. 监管机制与信用机制存在脱离

行业监管机制与信用评价管理机制结合不够紧密，政府部门之间、工程造价咨询企业之间的信用信息共建共享步伐相对迟缓。政府部门动态核查、社会监督、“黑名单”信用记录、诚信分类管理等监督制度有待完善，工程造价咨询企业的信用档案建设和信用等级证书管理工作仍需加强。

四、低价恶性竞争依然严重

近年来，建筑行业已充分认识到低价恶性竞争的负面效应，但全行业尚未采取有效遏制措施，企业之间低价恶性竞争问题依然突出。

（1）虽然在信息化、国际化发展趋势的冲击下，工程造价咨询企业业务范围相对拓展，但由于工程造价咨询企业数量增长较快，企业业务量相对不足，工程造价咨询行业市场集中度低、服务同质化竞争格局没有改变。部分企业为了承接工程咨询业务，采用低价恶性竞争手段获取中标资格，使得一些综合实力较强的企业在低价竞争中处于弱势，缺乏技术创新和人才培养动力，企业发展因此受到影响。

（2）低价恶性竞争情况下部分企业诚信经营意识、自律意识不足，存在不按合同履行约定的责任与义务。这些行为导致咨询服务效率低下，工程项目的完成质量受到影响。既不利于于公共资源的优化配置，也给工程造价咨询行业的健康发展造成一定阻碍。

第二节　应对策略

一、深化行业管理制度顶层设计

1. 继续推进工程造价咨询企业经营业务的跨界融合和纵向延伸

在建筑业转型升级发展的宏观背景下，行业要加强对工程造价咨询企业跨界融合和纵向发展的政策引领，为工程造价咨询企业开展跨界融合和纵向延伸提供政策保障。在多元化发展战略层面，要结合企业自身资源禀赋，积极探索跨界融合方向和可行路径。在专业化发展战略层面，要立足主业，向建设项目工程咨询的前端和末端延伸，积极开拓诸如 PPP 咨询和项目管理服务等工程咨询市场。此外，要及时总结咨询实践中涌现出来的成功开展跨界融合和纵向发展企业的经验和做法，为其他工程造价咨询企业提供典型案例和对标样板。

2. 加强行业计价依据体系建设

重视创新对工程造价咨询行业的影响，坚持计价依据体系的理论创新和服务创新，顺应行业改革发展趋势，建立符合工程造价行业特点、顺应国际化和信息化发展的造价标准体系。统筹抓好造价标准体系的总体规划和设计，进一步完善工程量清单计价规范及工程量计算规范，建立符合市场定价规律的计价规则体系并推动其与国际惯例接轨。完善建设工程设计施工总承包计价计量规范，规范建设工程设计施工总承包计价行为，逐步改变过分依赖统一计价定额的传统习惯，鼓励市场主体积极编制各类企业级工程承包定额、业主定额和工程造价咨询机构数据库，为最终实现完全通过市场竞争形成价格奠定基础。

3. 加强行业监管机制建设

一方面，通过对工程造价咨询企业和注册造价工程师业绩监管，继续推进造价工程师违规“挂证”整治工作，加强对僵尸企业的治理工作，逐步消除僵尸企业、企业挂靠、人员挂证等乱象，为行业培育优秀工程造价咨询人才，为企业提供一定的政策支持；另一方面，进一步推进工程造价信息监测工作，建立工程造价信息监测和预警机制，确保本地区工程造价数据纳入监测范围，及时发布各地区造价数据监测报告。

4. 深化行业“放管服”改革

严肃查处对外地企业采取以备案、登记为名的变相审批事项，通过完善资质标准，减少行政审批层级，简化资质审批流程，提高审批效率，放宽工程造价咨询企业市场准入门槛，打破行业和区域壁垒，激发工程造价咨询企业的内生动力，持续推动工程造价咨询行业高质量发展。建立数据共享的网络信息服务平台，将企业经营信息、信用信息等登记入库，对企业入库信息做到一次审核，多次使用，通过各部门的数据互联互通，提高工程造价咨询行业信息服务水平。

二、推进行业信用体系建设

1. 完善信用评价办法

通过转变工作思路，对现阶段信用评价指标体系进行进一步完善，如将用户评价、企业异地经营状况纳入企业信用评价范围，提高指标体系的科学性和合理性。建立统一的信用评价标准，加快各地区信用信息互联共享步伐。修订行业协会相关自律文件，提高注册造价师守信意识、工程造价咨询企业诚信经营意识及自律意识，利用电子信用平台，完善失信惩戒守信激励机制。对于具有多个分公司的工程造价咨询企业，企业内部应加强分公司的信用管理力度，从而实现分公司与总公司的共同进步。

2. 拓展信用评价结果的影响力

利用多种媒介宣传推广信用评价结果，加大信用评价结果的宣传力度。将工程造价咨询企业的数据报送情况与信用等级评价管理挂钩，对于未报送或未按要求报送数据的企业，依规定纳入企业信用记录并予以公开，扩大信用评价结果的应用领域及覆盖面，不断提升行业公信力。

三、建立健全工程造价纠纷调解机制

1. 创新工程造价纠纷调解机制

充分发挥行业协会在纠纷调解中的基础性、专业性、职业性优势，深化工程造价多元化纠纷调解机制改革，加强行业不同部门工作协调联动，完善诉调对接机制、纠纷调解规则。积极开展纠纷调解工作及纠纷调解员专业培训工作，提升工程造价纠纷解决的质量和效率，维护市场稳定，优化市场环境。

2. 搭建工程造价纠纷调解经验交流平台

充分发挥资深造价师在调解纠纷中的专业优势，鼓励各地方协会纠纷调解员进行经验交流，推广纠纷调解理念，分享纠纷调解方法、调解技巧及调解策略，提高调解员的业务水平和办案能力。结合各地区行业发展特点，通过不同地区经验交流，探寻区域纠纷调解新模式。

四、进一步实施“人才强企”战略

1. 完善人才培养机制

认识人才队伍发展趋势，找准新时期人才层次、人才需求、知识结构定位，

正视新技术变革对行业带来的冲击，响应国家“一带一路”倡议，运用分阶段、分层次的人才培养理念，创新人才培养模式，根据工程造价专业特点对工程造价专业人员进行专业培训。通过建立符合不同专业、不同层次造价师需要的专业培养体系，加强和丰富相关理论，不断扩大从业人员的执业范围，拓宽从业人员的知识结构和知识体系。

2. 发挥行业协会在人才培养中的重要作用

加强对造价师工程师的继续教育，完善人才培养机制，鼓励各地协会开展企业高端人才培训。及时转变发展观念，积极适应行业新技术、新形势的发展变革，将培训工作与企业发展实际需要相结合，通过提高企业核心人才的管理理念，拓展专业结构，为工程造价咨询行业培养一批专业基础扎实、专业技能精通、专业内涵丰富，同时又具备国际视野的工程造价管理骨干力量。地方协会要结合本地区的人才优势，引领行业人才职业技能与综合素质的提升，通过形成一批具备综合实力优秀人才、具有行业发展话语权、具有社会引领作用的企业，以点带面推动行业不断向前发展。

3. 鼓励和指导企业实施产学研一体化发展战略

积极举办全国高等院校工程造价技能及创新竞赛，提高学生的实践能力、专业能力及创新能力，通过搭建校企交流平台，发挥平台交流的主导作用，加强企业与高校之间的合作交流。鼓励高校参与工程造价管理领域相关课题研究，引导高校教学工作适应行业发展的变革，通过促进高校与企业之间的业务合作，为工程造价咨询企业输送创新型、科技型、专业型人才。

第六章

热点专题——创新、开放、跨界、变革赋能行业高质量发展

实现工程造价咨询行业高质量发展，必须坚持创新、开放、跨界和变革。信息化是行业高质量发展的技术保障，国际化是行业高质量发展的重要标志，全过程工程咨询是行业高质量发展的必由之路，而企业组织结构变革则是行业企业高质量发展的组织保障。只有坚持信息化、国际化、全过程工程咨询和企业组织结构持续变革之路，才能永葆行业发展活力，使行业行稳致远，不断走向新的成功。

第一节 信息化进程提速，推动行业创新发展

工程造价咨询行业信息化是指利用信息技术，开发和利用工程造价信息资源，建立各种类型的数据库和管理系统，达到行业内各种资源要素的优化与重组，是提升行业现代化水平的过程。借助信息化技术，可以实现工程造价信息的形成、交流与共享。随着国家大力推行建设项目全过程工程咨询和《政府投资条例》的出台，工程造价咨询行业迎来了广阔发展空间。与此同时，全过程工程咨询也对工程造价咨询行业提出了新的要求，越来越多的工程造价咨询企业正在通

过信息技术提高效率、降低成本，达到提升企业核心竞争力的目的。

一、信息化建设稳步推进

工程造价咨询行业信息化经过长期积累，目前已经发展到平台建设阶段。根据服务对象不同，工程造价信息化平台可划分为面向工程造价咨询行业管理的行业管理信息化平台、面向工程造价咨询行业服务的行业服务信息化平台和面向工程造价咨询企业的企业管理信息化平台三类。

（一）行业管理信息化平台

行业管理信息化平台的主要应用方是各级建设工程标准定额管理部门或行业协会，其职能是支持行业管理，为政府行业监管和行业自律管理提供管理平台和信息支持，为行业企业、从业人员、利益相关者提供所需的行业信息。行业管理信息化平台主要包括行业行政管理中的企业管理系统、个人执业资格管理系统，政府及行业协会对行业的监督与服务系统等。

行业管理信息化平台由政府行业主管部门运营和管理，行业协会协助政府进行行业监督与服务，推动行业自律管理。目前，全国已经建有各级标准定额管理官方网站，住房和城乡建设部通过“四库一平台”模式快速推进行业管理信息化平台建设，形成一个自上而下覆盖各地的行业管理信息化平台。

行业管理信息化平台的运营保持公益性特点，平台中的信息数据中，基础数据大量由工程造价咨询企业报送，经政府管理机构和行业协会审核汇总后，成为在管理行为中产生的原始信息，具有一定的公正性和权威性。

（二）行业服务信息化平台

造价业务工作需要大量造价信息作为支撑，包括各类材料设备价格信息平台和各种造价指标工具软件。目前已经形成一定规模的市场，聚集了不同特点的造价行业信息技术服务商。

在材价信息平台方面，目前市场上主要有“中国建材在线”“广材网”“速得”“造价通”“慧讯网”等材价信息服务商，在不同的区域或领域为工程造价咨询企业和建设项目提供服务。

在造价分析及指标软件工具方面，造价业务工作需要将各类造价信息进行集成，建立面向企业和市场的行业服务软件，将微观层面造价信息进行汇总、加工，形成以造价指标系统、造价指数系统、人材机价格信息系统、已完工程案例系统为主要内容的信息化平台，以提高信息利用效率，节约社会资源。目前市场上已有面向一定范围建设项目提供造价指数指标的软件，但由于不同软件商拥有各自技术壁垒，数据接口不开放，软件生态不理想，尚未形成符合造价行业咨询服务需要的平台。

在项目级投资控制软件方面，市场已有开发完成的工程项目造价管理系统。工程项目造价管理系统通常涉及项目投资决策、规划设计、招投标、施工以及竣工各个阶段，是基于作业过程控制的全生命周期工程项目造价管理系统。建设单位、施工单位、设计单位、咨询单位可以在工程造价管理系统上协同工作，促进各参与方信息共享和交流，进行成本管理相关工作。通过各参与方协同工作、优化业务管理模式以及大数据支持各阶段造价决策，有助于提升企业全过程造价管理质量，降低消耗，节约建造和管理成本。工程项目造价管理信息系统一般由造价咨询企业建设运营，通过商业化模式供各参与方共同使用。

随着信息化进程的不断加速，能覆盖全国、信息内容更加全面的行业服务信息化平台将会在不久的将来得以形成，这类平台将在信息化服务市场中相互促进、相互支持，协调共进。行业服务信息化平台内容越全面、功能越完善，其服务水平将会越专业、越具特色。

（三）企业管理信息化平台

企业管理信息化平台是将信息技术与企业管理理念相融合，转变企业生产经营方式、组织管理方式，整合企业内外部资源的操作平台和信息系统。通过对客户、咨询项目数据、参与人员等管理，实现企业运营在线化、数字化，让企业运营更加透明，利用数据优化客户管理和业务管理，提高效率、节约成本。根据当前企业管理信息化发展程度，可将造价咨询企业管理信息化平台由下至上划分为基础设施平台、企业管理基础应用平台、企业管理扩展应用平台以及企业管理平台集成四个层级。

工程造价咨询企业管理信息化平台一般由工程造价咨询企业投资建设和运用管理。企业可通过三种模式进行平台建设，包括：组建专业团队，自主研发建设；委托第三方软件公司进行研发建设；购买市场中成熟的企业管理信息化系统。

二、BIM、云计算、大数据等新技术应用逐步深化

我国工程造价信息化已经具备了良好的宏观环境。国家信息化战略的发展历程、战略目标和战略重点为工程造价信息化建设提供了战略思想和发展方向。BIM、云计算、大数据等新技术为工程造价信息化建设提供了强劲动力，工程造价行业与信息技术的结合在装配式建筑以及工程项目全寿命周期管理等领域具有广阔的应用前景。

（一）BIM 技术的应用

BIM 建筑信息模型的数据以多种数字技术为依托，这个数字信息模型是工程项目开展各个相关工作的基础，工程项目全寿命期相关工作既可从信息模型中获取各自需要的信息，又能将相应的工作成果信息反馈到信息模型中。

应用 BIM 软件建立的 3D 模型为工程项目实施提供了可视化手段，为工程项目各参与方展现了 2D 图纸所不能呈现的视觉效果和认知角度，也为碰撞检测和 3D 协调提供了良好条件，可以建立基于 BIM 的包含进度控制的 4D 施工模型，实现虚拟施工；在投资控制方面，可以建立基于 BIM 的包含成本控制的 5D 模型，有效优化施工安排，减少返工，控制成本，为全过程工程咨询提供支持。在

自工程开始至竣工的实施过程中，将BIM技术贯穿到项目管理全过程，不断动态优化调整，及时发现潜在问题并及时解决，可达到提高项目管理效能的作用。

基于BIM的工程项目管理注重工程信息的及时性、准确性、完整性、集成性，将项目参与方在施工过程中的实际情况及时录入到施工过程模型，以保证模型与工程实体的一致性，进而形成竣工模型，以满足电子化交付及运营基本要求。

BIM技术应用于造价控制的最核心、最基本的需求是计算工程量，这样不仅大幅节省算量人工和时间，还可为实现基于BIM的可视化动态成本管控创造前提条件。

目前，造价咨询行业的BIM应用主要有采用Revit系列软件利用正向设计三维算量和自有BIM算量软件平台算量两种模式。

（二）云计算的应用

云计算是基于互联网计算的一种全新服务模式，拥有庞大的存储空间、高效的数据处理分析能力和多样化的服务。将云计算技术引入工程造价领域，设计基于云计算的造价信息管理平台，为工程造价行业提供全新的服务模式。结合工程造价行业的具体应用，可将工程造价信息管理云平台分为三个层次——数据资源层、管理服务层和应用层，上下层之间联系密切，又能单独对外提供服务。

工程造价信息化管理需要和云计算技术进行融合，由云供应商为工程造价咨询企业提供云服务平台和个性化的“云”产品，工程造价咨询企业作为使用者可以通过租赁云平台或购买软件的形式使用云服务。

（三）大数据的应用

大数据是继云计算、互联网之后IT产业又一次颠覆性技术变革。大数据最核心的价值就是对海量数据进行存储、分析并加以利用。未来的工程造价咨询企业都将是行业平台上的一个信息点，通过平台分享信息，集合资源协同处理，立足于数据服务，从技术上将大数据与云计算紧密结合，从业务上将大数据与管理系统、工具软件紧密结合。

对工程造价咨询企业来说，数据是未来的核心竞争力。这里的数据不仅包括价格、指标，也包括业务实施方案、处理方式等。只有通过数据整理、分析和存储，把咨询人员个人经验转化为企业数据，才是企业做大做强的方向。因此，工程造价咨询企业通过建立项目造价数据分析标准，进行造价咨询成果数字化，形成数字化资产。同时，大数据等技术的应用可提高工作效率和质量，业务流程、工作模板等管理和业务知识型数据可帮助企业提升业务管理水平，降低对造价人员个人水平的依赖。通过对造价咨询成果数据的分析应用，帮助企业实现业务升级，特别是向工程前期（决策和设计阶段）和高端服务（价值工程、全过程造价管理、全过程工程咨询）升级，形成基于数据的企业核心竞争力，形成品牌优势，提升企业利润。

云计算、大数据这两大技术正在工程造价信息化发展过程中扮演越来越重要的角色。云计算提供计算能力，是生产工具的角色；大数据提供数据基础，是生产资料的角色。通过更加先进的人工智能等信息技术，将工程造价中数据的运用发挥到最大的功效，从而最大限度地提升整个项目的经济效益。

第二节　实施国际化发展战略，接轨行业国际标准

《国家发展改革委　住房城乡建设部关于推进全过程工程咨询服务发展的指导意见》（发改投资规〔2019〕515号）文件中提出了“深化工程领域咨询服务供给侧结构性改革，破解工程咨询市场供需矛盾”的要求，并提出“加强咨询人才队伍建设和国际交流，培养一批符合全过程工程咨询服务需求的综合型人才，提高业务水平，提升咨询单位的国际竞争力”。相关政策文件明确了我国工程造价咨询行业的国际化发展之路。

实施国际化发展战略不仅意味着我国工程造价咨询企业“走出去”，参与“一带一路”建设，更要考虑随着建筑市场的进一步开放，境外工程咨询企业进入我国市场参与竞争，将会对国内企业造成较大冲击。国内企业应积极做好准备，接轨行业国际标准，不断提升企业实力和从业人员专业能力。

改革开放以来，伴随着国内引进外资的步伐，一些境外造价咨询企业跟随外资进入国内建筑市场，积累了几十年的咨询实践经验。分析这些企业在国内的咨询服务模式，有助于深度理解工程造价咨询行业国际化发展战略的本质内涵。

对比国内现行分段式工程咨询服务模式，外资咨询企业服务模式的特点在于：

(1) 服务范围广。各阶段服务内容基本涵盖了国内分段式咨询服务的前期咨询、招标代理、造价咨询和竣工结算等工作。

(2) 时间跨度大。服务期从方案设计阶段开始到项目缺陷责任期结束。整个服务期内，各阶段的工程造价咨询服务都以控制建设成本为基础。

设计阶段：从项目经济效益的角度出发，以高性价比为造价控制的目标进行前期策划。提供同类项目造价比较，提供限额设计指标，与设计团队紧密合作开展价值工程分析，深入参与设计协调，协助业主确定项目目标成本。

招标阶段：从造价咨询角度协助施工管理，提供标段划分和施工界面建议，与项目管理方紧密合作，在招标文件中明确各标段的施工范围，主动控制风险以减少后期合同履约纠纷。根据标段划分，拆分目标成本，设定各标段成本控制目标。

施工阶段：编制每月财务报告、付款证书，追踪造价变化和工程款支付情况，调整项目资金流量表；为设计变更提供造价预估，提出造价增减预警信息供业主决策参考。

竣工验收阶段：完成工程竣工结算后，进行项目后评价分析，重点回顾总结成本目标控制情况。

(3) 以前期策划和主动风险控制作为造价咨询服务的工作重点，各阶段造价咨询服务系统化程度高，实现了造价目标设定、跟踪管理、回顾总结的全过程控制。

实施工程造价咨询行业国际化发展战略，首先应构建系统的策划管控型造价咨询体系，实现行业咨询体系国际化；此外，应利用现代信息技术打造数字化造价咨询平台，实现行业科技创新国际化；最后，应积极引入行业国际标准体系，实现行业标准体系国际化。

第三节　赋能行业高质量发展，打造全过程工程咨询服务新业态

一、产业政策不断完善，助力培育全过程工程咨询市场

2017年2月21日，《国务院办公厅关于促进建筑业持续健康发展的意见》（国办发〔2017〕19号）开创了全过程工程咨询服务的新纪元。该文件提出："培育全过程工程咨询。鼓励投资咨询、勘察、设计、监理、招标代理、造价等企业采取联合经营、并购重组等方式发展全过程工程咨询，培育一批具有国际水平的全过程工程咨询企业。制定全过程工程咨询服务技术标准和合同范本。政府投资工程应带头推行全过程工程咨询，鼓励非政府投资工程委托全过程工程咨询服务。"这一论述在工程领域首次明确提出了"全过程工程咨询"理念，打破了过去由于管理体制的条块分割对工程咨询的不完全定义，对促进工程咨询业的发展将产生积极和深远的影响，同时，也为现阶段由于管理体制、资质管理等条件限制仍处在碎片化管理模式的勘察、设计、造价咨询、招标代理等企业发展指明了发展方向并提供了发展契机。以此为开端，国家、部委及各地方政府针对全过程工程咨询的发展颁布了诸多政策。

2017年4月26日，住房和城乡建设部在《建筑业"十三五"规划》（建市〔2017〕98号）的通知中提出："提升工程咨询服务业发展质量改革工程咨询服务

委托方式，研究制定咨询服务技术标准和合同范本，引导有能力的企业开展项目投资咨询、工程勘察设计、施工招标咨询、施工指导监督、工程竣工验收、项目运营管理等覆盖工程全生命周期的一体化项目管理咨询服务，培育一批具有国际水平的全过程工程咨询企业。"

2017 年 5 月 2 日，住房和城乡建设部在《工程勘察设计行业发展"十三五"规划》（建市〔2017〕102 号）中指出："提升综合服务能力，拓展业务范围，提升综合服务能力，创作出一批水平高、质量优、效益好的优秀工程项目，推广工程总承包制，发展全过程工程咨询，培育一批具有国际竞争力的工程顾问咨询公司和工程公司。"

2017 年 8 月 1 日，住房和城乡建设部在《工程造价事业发展"十三五"规划》（建标〔2017〕164 号）中指出："坚持培育全过程工程咨询。大力推进全过程工程造价咨询服务，鼓励造价咨询企业通过联合经营、并购重组等方式开展全过程工程咨询服务"。

2017 年 11 月 6 日，《工程咨询行业管理办法》（国家发展和改革委员会 9 号令）明确指出全过程工程咨询是咨询服务的一种模式，是"采用多种服务方式组合，为项目决策、实施和运营持续提供局部或整体解决方案以及管理服务"。

2019 年 3 月 15 日，国家发展改革委和住房和城乡建设部联合发布了关于推进全过程工程咨询服务发展的指导意见（发改投资规〔2019〕515 号）文，提出了"鼓励发展多种形式全过程工程咨询、重点培育全过程工程咨询模式、优化市场环境、强化保障措施"。

同时，一些地方政府建设行政主管部门也出台了具体方案。如江苏省住房和城乡建设厅发布《江苏省开展全过程工程咨询试点工作方案》（苏建科〔2017〕526 号）；四川省住房和城乡建设厅发布《四川省全过程工程咨询试点工作方案》（川建发〔2017〕11 号）；浙江省住房和城乡建设厅发布《浙江省全过程工程咨询试点工作方案》（建建发〔2017〕208 号）；湖南省住房和城乡建设厅发布《湖南省全过程工程咨询试点工作方案和第一批试点名单的通知》（湘建设函〔2017〕446 号）等。

各级政府对全过程工程咨询的管理主要体现在以下几个方面：

1. 坚持“放管服”改革

在宏观层面上做好顶层设计，消除资质、地区等壁垒，协同出台完善全过程工程咨询的配套管理政策，加强行业制度化和规范化管理，如资信平台管理、告知性备案管理以及企业与执业人员从业行为监督检查管理等具体办法，进一步推进全过程工程咨询的精细化管理。

2. 鼓励政府投资项目率先试行全过程工程咨询

对其实施效果及对项目效益发挥情况进行综合评价，并根据试行情况进一步厘清全过程工程咨询定义和范围，调整相关咨询及项目管理的政府管理程序及办法。

3. 出台相关服务标准和税收优惠政策

针对全过程工程咨询出台相关服务标准和税收优惠政策，促进全过程工程咨询的有序发展。

4. 强化相关工程建设及运营信息的公开

强化相关工程建设及运营信息的公开，如项目信息、能耗信息、信用信息、个人执业信息等，逐步将各行业管理机构监管平台互联，形成“大平台”，将各平台数据有机“嫁接”，为全过程工程咨询提供强大数据支撑，同时也便于公众监督。

二、拓展以投资控制为核心的全过程工程咨询，引领行业发展新业态

全过程工程咨询的核心是通过一系列的整合与集成构成一个管理创造价值的

过程，这个过程是对于互不相同，但又相互关联的生产活动进行管理形成一条价值链的过程，是采用整合或组合管理手段实现“1+1>2”的效果的过程。全过程工程咨询的核心目标是为委托方创造价值，由于工程造价管理是全过程工程咨询的重要组成部分，工程造价咨询企业开展全过程工程咨询具有得天独厚的优势。

在造价事业“十三五”规划指导下，行业内工程造价咨询企业基于自身不同情况，已经开始向全过程工程咨询转型。

1. 公司发展战略创新

工程造价咨询企业制定适合自身不同的发展战略，有的采用“大而全”发展战略，有的采用“专而精”发展战略，有的采用并购重组手段，有的采用合作经营形式，有的采用与设计企业相联合，有的采用与监理企业相联合等。

2. 服务模式创新

工程造价咨询企业从过去单项咨询服务向多样化咨询服务转变，积极探索全过程工程咨询新业态。从项目全生命周期角度出发，优化统筹各方资源，通过联合经营、并购重组方式，利用建筑信息模型、大数据、物联网等信息技术，推动“互联网+全过程工程咨询”模式，为客户创造有价值的增值服务。

3. 组织架构创新

工程造价咨询企业从自身业务特点出发，整合自身资源，建立与全过程工程咨询相匹配的专业部门和组织架构，形成内部管理闭环。同时，加强公司内部专业知识培训，招纳和培养综合能力高的复合型人才和专业化水平高的专项人才。

4. 管理体系创新

工程造价咨询企业在提供全过程工程咨询服务时，其服务内容、服务要求、服务周期、服务责任均发生变化，对应的内部管理标准和管理体系也随之变化。

企业通过不断完善自身质量管理体系、职业健康安全和环境管理体系，建立具有自身特色的服务管理体系及标准，以不断促进自身向高质量方向发展。

基于投资控制为核心的全过程工程咨询是全过程工程咨询的主要价值链导向。近年来，工程造价咨询企业已经实践了几百个国内外全过程工程咨询项目，这些项目的实践不但实现与国际工程咨询业的接轨，而且为国内全过程工程咨询发展积累了宝贵的经验，引领了国内全过程工程咨询的新业态。

第四节　组织结构变革持续推进，助力企业多元化发展

一、多元化发展符合我国投资体制改革方向

我国现阶段固定资产投资项目建设管理与咨询服务能力已处于较高水平，为更好实现投资建设意图，投资方或建设单位在项目决策、工程建设、项目运营过程中，对综合性、跨阶段、一体化的咨询服务需求日益增强，而这种需求与目前市场上工程造价咨询企业只能提供单项服务之间的矛盾日益突出。

目前，我国积极推动投资体制改革，率先在房屋建筑和市政基础设施领域推进全过程工程咨询服务。2019年3月，国家发展改革委联合住房和城乡建设部印发《关于推进全过程工程咨询服务发展的指导意见》，要求坚持市场培育和政府引导相结合的原则，鼓励咨询单位根据市场需求，从投资决策、工程建设、运营等项目全生命周期角度，开展跨阶段咨询服务组合或同一阶段内不同类型咨询服务组合，发展多种形式的全过程工程咨询服务模式。同时鼓励实施工程建设全过程咨询，由咨询单位提供招标代理、勘察、设计、监理、造价、项目管理等全过程咨询服务。

对于工程造价咨询企业来说，全过程工程咨询制度的逐步推广，要求工程造价咨询企业必须转变原有单一经营策略，逐步向上下游相关业务进行延伸，同步调整自身组织结构，适应市场竞争节奏与行业政策走向，形成多种业务产品组

合，并保证产品组合能够在一个项目全生命周期中的多个或全部阶段进行应用，实现项目的全过程咨询，从而提高企业市场竞争能力，提升企业价值。

企业多元化战略是与专业化战略相对的一种发展战略。一般来说，当现有产品或市场不存在期望的增长空间时（如受到地理条件限制、市场规模或竞争太过激烈的限制），企业通常会考虑多元化战略。采用多元化战略有下列三个原因：

(1) 在现有产品或市场中持续经营不能达到目标。这一点可通过差距分析来予以证明。当前产业令人不满，原因可能是产品处于衰退期因而回报率低，或同一领域中的技术创新机会很少，或产业缺少灵活性。

(2) 企业由于以前在现有产品或市场中成功经营而保留下来的资金超过了其在现有产品或市场中的财务扩张所需要的资金。

(3) 与在现有产品或市场中的扩张相比，多元化战略意味着更高的利润。

从效果上来说，企业实施多元化战略能够有效降低单一产品或服务经营所带来的风险和内部交易成本，客观上扩大了企业的规模，进而引发企业组织结构变革，带来规模经济效应。

综上所述，企业执行多元化发展的战略具有明显优势，在推行全过程工程咨询的今天，我国部分工程造价咨询企业早已启动多元化战略的实施，特别是走在行业前列的大中型工程造价咨询企业，充分利用多元化战略的特点和优势，实现了行业横向多元化经营，并已初见成效，为全过程工程咨询业务的开展奠定了基础。在适宜的市场环境条件下，推行多元化战略能够帮助企业获得先期优势，提升企业的核心竞争能力。

二、事业部制组织结构满足多元化发展要求

工程造价咨询企业一般采用职能式组织结构，该结构模式下，企业各部门各司其职，且由于各部门的业务分工高度专业化，使得各部门几乎不存在共同业务领域，当工程造价咨询企业业务较为单一时，该组织模式与传统的造价咨询业务分工是相适应的。但职能制组织结构存在一定的局限性，一是企业内部各部门间

的管理目标、价值理念不统一，往往以部门自身利益最大化为目标，忽视作为一个企业整体的利益；二是由于各部门管辖的业务范围专业化程度高，缺少协同合作，使得部门间存在着各自为政的现象，一旦项目出现问题，各部门之间便相互推卸责任；三是根据职能制组织结构的特点，工程造价咨询企业各部门除了关注职责范围内的工作之外，基本不会考虑其他部门的工作，造成企业内部各项流程的割裂，容易出现管理流程上的真空地带，进而可能造成企业对客户需求无响应，势必降低客户满意度。

综上所述，工程造价咨询企业通常采用的职能制组织结构容易形成沟通壁垒，一旦企业开展需要跨部门协作项目时可能影响项目企业中的系统展开，而且在职能制的组织结构下，虽然传统工程造价咨询企业会采取项目组的方式提供服务，但由于企业内部层级较多，流程上的刚性结构造成了企业决策迟缓、信息数据折损、效率低下等问题。除此之外，传统工程造价咨询企业治理结构单一，企业所有者同样承担企业经营者的职责，没有形成现代企业治理结构，不具备培养公司高级管理人员的制度环境。总之，面对复杂多变的市场，工程造价咨询企业应主动建立一种更加有效的组织体系，解决企业各个部门协同工作的问题，建立一种行之有效的内部资源调配机制，在保证项目目标的前提下，实现企业资源的有效利用。

工程造价咨询企业实行多元化战略，意味着企业的经营内容不再为单一的造价业务，所面对的市场也更加多元化。高度多元化的业务要求企业的组织结构更加灵活，这就需要相对分权式的组织形式，这种结构是相对松散的，具有更多的不同步性和灵活性。在这种组织架构下，多元化业务之间联系相对较少，核心流程可以并行管理，这样才能从总体上推进多元化战略的实施。

根据上述要求，能够与多元化战略最为匹配的组织结构是事业部制组织结构，事业部制组织结构是集权和分权的统一，单独的事业部相对于企业整体来说足够灵活，不同事业部之间相对独立，各部核心业务独立开展，能够帮助企业实现多元化的战略目标，为企业带来绩效，而且这种绩效在某些方面能对企业产生长远而深刻的影响。

从事业部管理角度来看，在事业部制结构下，各产品或者业务单元独立面对市场，自我经营，自我驱动，能够有效地改善事业部绩效观，实现集团总部和事业部的职能定位。同时，事业部制可以有效地将管理者的愿景和努力与企业的经营绩效和成果直接联系，大大降低管理者安于现状、怯于创新的弊端，能够有效发挥目标管理的功效，有助于培养具备国际视野和管理技能的行业领军人才队伍。

三、工程造价咨询企业组织结构变革思路

（一）健全企业法人治理结构

按照《公司法》规定，法人治理结构由四个部分组成，分别是：股东会或者股东大会、董事会、监事会、高级管理层（以下简称“三会一层”）。其中，股东会或者股东大会由公司股东组成，是公司的最高权力机构；董事会由公司股东大会选举产生，维护出资人的权益，是公司的决策机构；监事会是公司的监督机构；高级管理层由董事会聘任，是公司的执行机构。

传统的工程造价咨询企业一般采用有限责任公司形式，在公司治理结构方面，由于股东人数一般较少，股东会与董事会、高级管理层在人事、职能上均有较大重叠，一般不设监事会。同时，由于企业为非公众企业，无须接受公众监督，企业的法人治理结构的规范性存在缺陷，可能影响企业内部利益分配与未来高级管理人员的培养。监督机制的缺乏，容易造成资源浪费与运行效率降低。

在资本市场得到长足发展的今天，工程造价咨询企业拥有多种健全法人治理结构的解决方案。从企业内部来说，造价咨询企业可以推动企业组织结构变革，通过公司章程等形式重新规范企业“三会一层”的建立与运营机制，同时注重公司高级管理层的培养与融入，保证公司战略能够得到有效执行与继承。从企业外

部来说，工程造价咨询企业可以借助资本市场的力量，通过上市、股份制改革等途径，成为公众企业，在制度及监管的要求下，有效帮助企业搭建现代企业法人治理结构，实现自身组织结构正规化与专业化，进而带动公司组织结构的持续变革，有助于企业的可持续发展与企业高级管理层的更新换代。

目前，以广正股份、天职咨询等为代表的一些造价咨询企业积极借助资本市场的力量，引入现代化企业法人治理结构，率先实现了企业股份制改革，将公司形式由“有限责任公司”转变为“股份有限公司”，并成功登陆“新三板”，为企业扩大咨询业务经营范围打下良好基础；同时，在企业组织结构方面，公司设立了研发中心，针对行业领先技术、业务进行创新性研究，促使公司朝着科技型公司转型，不仅有效提升了传统的造价咨询技术，还实现了专业技术软件的自主研发与业务创新，增强了企业的市场竞争力。

（二）推进企业组织结构持续变革

工程造价咨询行业存在一定的特殊性，所提供的咨询服务一般以项目为导向，需要企业事业部内部与职能部门间建立特殊的沟通机制，面对这一需求，需要对传统事业部制组织结构进行持续变革。

为满足逐步增长的多元化发展需求，同时兼顾项目导向原则，在组织结构设计的总体框架上，工程造价咨询企业应该充分评估所开展的各类业务的市场现状以及企业自身资源与能力，以事业部制作为首要考虑的组织结构形式。对于那些具备相对独立的市场，已经具备一定的规模，企业人力资源与其他资源均能满足要求的业务，应将其及时整合为事业部，由其负责该板块业务的开发与经营。

在事业部内部，事业部负责人应以职能制为基础，同时运用矩阵式组织结构形式，形成以造价咨询项目为导向的多个项目小组，充分发挥职能制的专业化、规模化优势，提升组织的价值创造能力。

对于部分多元化发展并不充分、仅造价业务突出、其他业务发展不平衡的工程造价咨询企业，直接采用事业部制的组织结构可能导致造价业务事业部规模过于庞大，影响事业部之间的协同，不利于企业效率的提升。此种情况下，可考虑弱化事业部制组织结构，将造价业务按照专业进行划分，形成多个弱化事业部，并在其中建立内部价值衡量机制和激励机制，调动各弱化事业部积极性。同时，在组织结构中仍应考虑矩阵式组织结构，以应对大型项目或全过程咨询项目在开展过程中需要各个专业、各类业务相互配合的需求，保证项目为先的导向性原则。

总之，工程造价咨询企业在拓展不同技术业务领域和国内国际市场的同时，分别推进自身组织结构的持续性变革，有助于保证企业组织结构适应瞬息万变的市场条件，为企业多元化战略的实施提供有效保障。面对变化莫测的市场环境与日新月异的行业体制改革，工程造价咨询行业不应固守某一组织结构，应根据市场竞争现状、行业发展情况与企业自身条件定期对企业组织结构进行评估，特别是在行业多元化发展的今天，根据竞争环境对组织结构进行持续变革，才能有效应对市场变化，抓住市场先机，促进企业成长。而企业的进一步成长则又会刺激企业扩大业务范围，进入新的业务领域，进而带来企业组织结构继续变革，从而促进工程造价咨询企业多元化战略目标的实现。

附录一

2018年大事记

1月17日　按照全国住房城乡建设工作会议有关部署，深入推进工程造价“放管服”改革，住房和城乡建设部办公厅印发《2018年工程造价计价依据编制计划和工程造价管理工作计划》(建办标函〔2018〕35号)。

1月29日　住房和城乡建设部标准定额司在北京组织召开《工程造价费用构成通则研究》课题审查会，课题合理确定建设工程造价各项费用的构成，推动工程造价计价管理进一步规范化。

3月6日　中国建设工程造价管理协会在广东省珠海市召开全国造价工程师继续教育工作会议，来自各省、自治区、直辖市及有关部门负责造价工程师继续教育工作的领导及有关工作人员约90余人参加会议。会议分析了造价工程师继续教育培训面临的新形势、新问题和新方向，强调要依据有关文件精神，规范继续教育工作，丰富继续教育培训形式和内容。

3月21日　中国建设工程造价管理协会第七次会员代表大会暨七届一次理事会在北京召开。中央国家机关工委协会党建工作部，民政部社会组织管理局、住房和城乡建设部标准定额司相关领导同志出席会议。会议审议通过了第六届理事会工作报告和财务报告，表决通过了《中国建设工程造价管理协会章程》《会员管理办法》《个人会员管理办法》和《会费管理办法》。选举产生了中国建设工程造价管理协会第七届理事会，杨丽坤当选第七届理事会理事长，王中和等 12 人当选为副理事长，39 人当选为常务理事，119 名代表当选为理事，会议同时产生了第七届监事会和理事会副秘书长人选。

3 月 22 日　中国建设工程造价管理协会全国秘书长会议在北京召开。来自各省工程造价管理协会、专委会主要负责人等共计 101 人参加会议。会议代表听取了中价协 2018 年工作计划，围绕会员管理、继续教育、诚信体系建设等方面进行了探讨和交流，就如何共同做好工程造价事业提出了意见和建议。

3 月 28 日　为贯彻落实中央国家机关行业商会协会临时党委《关于召开脱钩行业协会商会党支部 2017 年度组织生活会和开展民主评议党员的通知》（国机协党〔2018〕2 号）精神，中国建设工程造价管理协会党支部召开 2017 年度组织生活会和开展民主评议党员会议，中央国家机关行业协会商会住建联合党委领导到会督导。

3 月 27 日～ 29 日　应香港测量师学会邀请，由中国建设工程造价管理协会原理事长徐惠琴为团长、40 余位已取得互认资格的资深会员组成的代表团赴港交流访问。代表团先后参观了香港特别行政区房屋委员会（房屋署）总部、AECOM（艾奕康）公司以及 RLB（利比）公司香港总部，并前往安达臣道安泰邨的租住公屋建筑工地实地考察。最后一天参加了造价工程师与香港工料测量师第三批资格互认颁证仪式。

4 月 2 日　中国建设工程造价管理协会印发《2018 年工作要点》（中价协〔2018〕12 号），提出了 2018 年协会工作要点：一、配合政府有关部门，落实工程造价管理改革和规划；二、完善相关团体标准，引导和规范执业行为；

三、加强诚信体系建设，提升行业公信力；四、创新会员服务形式，提升会员服务质量；五、开展纠纷调解工作，拓展造价事业发展空间；六、加强国际交流与合作，提升国际影响力；七、健全人才培养机制，提升行业整体素质；八、以党建引领发展，提升行业内生动力。

4月9日　按照《财政部　税务总局关于调整增值税税率的通知》（财税〔2018〕32号）要求，住房和城乡建设部将《住房城乡建设部办公厅关于做好建筑业营改增建设工程计价依据调整准备工作的通知》（建办标〔2016〕4号）规定的工程造价计价依据中增值税税率由11%调整为10%。

4月10日　为落实《国务院办公厅关于促进建筑业持续健康发展的意见》（国办发〔2017〕19号）的文件精神，指导工程造价咨询企业开展全过程工程咨询服务，中国建设工程造价管理协会在北京召开了全过程工程咨询研讨会。参会代表针对工程造价咨询企业开展全过程咨询的优势、业务路径以及遇到的问题进行了充分讨论。

4月23日　为落实《工程咨询行业管理办法》（国家发展改革委2017年第9号令）要求，引导和促进工程咨询行业发展，国家发展和改革委员会发布《工程咨询单位资信评价标准》（发改投资规〔2018〕623号），对工程咨询单位资信评价等级、评价类别、评价标准等做明确规定。

5月1日　为深入拓展会员服务内容，中国建设工程造价管理协会通过会员分享，收集整理全国50多个地区造价管理机构发布的5100余期次《工程造价信息》，完成了《工程造价信息》数据库V2.0系统的开发，正式开启公测。

5月3日　住房和城乡建设部标准定额司王玮副司长一行到中国建设工程造

价管理协会调研并座谈指导工作，标准定额司造价处处长赵毅明、副处长张磊等陪同调研，中价协理事长杨丽坤率部门副主任以上同志参加座谈。标定司领导充分肯定了中价协在引领行业发展、发挥社会组织作用、提升服务能力等方面所做的工作，对协会多年来支持和配合标定司工作表示感谢，希望协会把握未来发展趋势，在工程造价管理的重点工作多做努力，推进我国工程造价事业可持续发展。

5月18日 中国建设工程造价管理协会主办的《建设工程造价鉴定规范》宣贯会在广东省广州市召开。各省市造价管理机构与行业协会人员，中价协和广东省造价协会会员单位、个人会员，以及仲裁员、法官、律师等近300人参加宣贯会。

5月23日 “中价协与云建价协合作发展启动仪式暨信用评价工作动员会”在云南省昆明市举行，近150位单位会员代表出席本次会议。

5月29日、5月31日 中国建设工程造价管理协会在北京分别召开《矿山工程工程量计算规范》和《构筑物工程工程量计算规范》两部国标修编工作启动会议。住房和城乡建设部标准定额司、标准定额所、中价协标准部相关领导以及20多位业内专家学者出席会议。会议从规范修编的指导思想、修编原则、编制依据、主要内容等方面进行了研讨。

6月4日 英国皇家特许测量师协会（RICS）大中华区董事总经理Pierpaolo Franco先生一行，对中国建设工程造价管理协会进行礼节性拜访。中价协理事长杨丽坤及协会相关负责外事的同志出席会议。双方一致认为，在我国“一带一路”建设背景下，在政府推行“全过程咨询”和“工程总承包”模式的进程中，希望通过对国内外工程项目造价管理的案例对比研究，对比分析中国造价工程师与英国工料测量师的执业范围及能力，学习借鉴先进方法，促进双方深入合作，共同发展。

6月12日～15日　为做好会员服务，推动工程造价咨询企业提升核心竞争力，中国建设工程造价管理协会在北京召开工程造价咨询企业核心人才培训班，来自全国工程造价咨询企业法定代表人或技术负责人共300余人参会。培训班结合行业核心人才培养的整体规划，围绕行业面临的新问题、新形势和新要求进行授课，引导大家积极适应工程建设组织模式变革。

7月6日　中国建设工程造价管理协会第三届专家委员会第一次全体会议在湖南省长沙市召开。住房和城乡建设部、湖南省住房和城乡建设厅领导及来自全国工程造价相关政府管理部门、企事业单位、高等院校、研究机构、地方造价协会的近200名专委会委员及有关嘉宾参加会议。会议听取了第二届专委会工作报告，成立了第三届专家委员会。还研究讨论了《中价协专委会管理办法》及2018年专委会工作等事项。

7月20日　根据《国家职业资格目录》，为统一和规范造价工程师职业资格设置和管理，提高工程造价专业人员素质，提升建设工程造价管理水平，住房和城乡建设部、交通运输部、水利部、人力资源和社会保障部印发《造价工程师职业资格制度规定》《造价工程师职业资格考试办法》（建人〔2018〕67号），文件将造价工程师分为一、二级，将考试专业增设为土木建筑工程、交通运输工程、水利工程和安装工程4个专业类别。按照职责分工，土木建筑工程和安装工程两个专业由住房城乡建设部负责；交通运输工程专业由交通运输部负责；水利工程专业由水利部负责。

7月23日～24日　由住房和城乡建设部会同贵州省人民政府、香港特别行政区政府发展局主办的 2018 内地与香港建筑论坛在贵阳举行。论坛以“融入国家发展大局、促进建筑业高质量发展”为主题，全体与会代表紧紧围绕建筑规划设计和项目管理、建筑科技创新与传承、装配式建筑和绿色建筑、利用“一带一路”及粤港澳大湾区机遇拓展合作等议题，进行了深入研讨。同时，贵州省住房和城乡建设厅与香港特区政府发展局签署了黔港建设领域合作意向协议。

8 月 15 日　中国建设工程造价管理协会召开“《工程造价软件测评与监管机制研究》课题启动暨工作大纲审查会”。课题希望研究形成工程造价软件的测评与监管标准，为政府管理部门对工程造价软件的监管提供方法与支撑。

8 月 15 日、8 月 21 日　中国建设工程造价管理协会在北京分别召开《矿山工程工程量计算规范》和《构筑物工程工程量计算规范》两部国标的初稿内部讨论会议。与会专家共同探讨修编意见，重点对清单编码、特征表述等内容进行核对修订，合理划分附录中分部分项工程量清单项目的内容设置、顺序，调整、完善了部分子目，同时结合实际使用情况补充了新的子目。

8 月 21 日　为贯彻落实国务院、住房和城乡建设部关于社会信用体系建设的工作部署，加快推进工程造价咨询行业信用体系建设，中国建设工程造价管理协会在北京召开全国工程造价行业信用评价工作会议。各省造价协会、中价协专业委员会负责人等近 90 人出席会议。

9 月 13 日～ 14 日　中国建设工程造价管理协会在四川省成都市举办第六届企业家高层论坛，论坛的主题为“肩负时代使命，共筑行业未来——助推工程造价咨询业创新发展”。住房和城乡建设部、四川省住房和城乡建设厅领导出席论坛。论坛邀请了来自中共中央政策研究室、外交学院、财政部中国财政科学研究院、北京交通大学等行业内外 20 余位专家学者担任演讲嘉宾。

10月12日　中国建设工程造价管理协会在浙江省杭州市召开国标《建设工程造价鉴定规范》宣贯会。来自全国各省市造价咨询、仲裁员、法官、律师等各界专业人士代表共计300余人参加会议。

10月17日～19日　为做好会员服务，促进工程造价咨询企业积极适应BIM技术发展、提升企业竞争力，中国建设工程造价管理协会在北京开办BIM工程造价专题高端培训班，来自全国各地230余家工程造价咨询企业法定代表人及技术骨干参加培训，培训主题为“基于BIM的全过程造价咨询服务及项目管理”。论坛邀请了名校教授、有代表性的工程造价咨询企业以及软件公司专家分享BIM工程造价探索实践中的研究成果和实际案例经验。

10月25日　中国建设工程造价管理协会在湖北省武汉市召开第七届理事会第二次常务理事会议，回顾总结第七届理事会成立半年来所开展的主要工作，深入分析行业面临的形势和问题，研究协会的有关工作。会议审议并通过了“关于撤销对外专业委员会议案”“关于成立工程造价纠纷调解中心和任命主要负责人议案”以及《中国建设工程造价管理协会工作人员考核管理办法》(修正草案)。

10月29日　为进一步落实中价协专家委员会长沙会议精神及工作部署，学术教育委员会在北京召开《工程造价专业人才培养体系研究》课题工作会议。会议强调各子课题间要把范围界定好，聚焦各自的核心问题开展深入研究，建立协同工作机制并认真开展行业调查，人才培养要适应“国际化、信息化、法制化、市场化”的工程造价改革方向及发展趋势。

11月12日　韩国驻中国大使馆及大韩民国调达厅设施事业局一行12人来到中国建设工程造价管理协会进行访问。中价协副秘书长张兴旺和协会负责外事的同志与来宾进行了会谈。会谈中，双方就各自国别上工程建设领域制度规则和工程计价管理模式的现状和异同进行了交流，并就招标主体、招标方式、价格确定等共同感兴趣的话题进行了深入讨论。

11 月 17 日　由中国建设工程造价管理协会主办的第四届全国高等院校工程造价技能及创新竞赛在广州（高职组）和杭州（本科组）举行，来自全国各地工程造价和工程管理类院校的 106 所本科院校、86 所高职院校，近 600 名选手、300 余名指导老师参加了本次竞赛活动。竞赛旨在贯彻落实国家中长期人才发展规划纲要和教育改革发展规划纲要的精神，引导学校积极开展应用型人才的培养，促进工程造价实践教学，加强校企之间的合作与交流。竞赛始终坚持以培养能力为本的育人理念，进一步提高了学生的实践能力、就业能力和创新能力。

11 月 15 日～ 20 日　第 11 届国际工程造价联合会（ICEC）暨第 22 届亚太区工料测量师协会（PAQS）大会在澳大利亚悉尼市举行。中国建设工程造价管理协会作为 ICEC 和 PAQS 两大国际工程造价专业组织的正式成员，由理事长杨丽坤率团出席会议。本次大会主题为“从起步到繁荣——动态变化的建筑环境”（Grassroots to Concrete Jungle-Dynamics in the Built Environment）。会议期间，中价协代表参加了 ICEC 理事会会议、PAQS 青年组会议、PAQS 教育与互认委员会会议、PAQS 理事会会议和 ICEC-PAQS 大会。大会促进了世界各国工程造价专业人士的交流，进一步提升了我国工程造价咨询行业在国际工程造价专业组织中的影响力。

12 月 19 日　2018 年全国电力工程造价与定额管理工作会议在北京召开，相关政府部门、企业、协会领导应邀出席会议，电力工程造价与定额管理总站负责人向会议做工作报告。与会代表围绕会议主题，结合改革发展面临的问题和挑战，在提高电力工程造价与定额管理工作水平、丰富完善计价体系、开展造价咨询企业管理、探讨行业发展、国际交流与合作等方面提出了宝贵意见和建议。

12月24日　全国住房和城乡建设工作会议在北京召开。住房和城乡建设部党组书记、部长王蒙徽全面总结了2018年住房和城乡建设工作，分析了面临的形势和问题，并提出了2019年工作总体要求和重点任务：①以稳地价稳房价稳预期为目标，促进房地产市场平稳健康发展；②以加快解决中低收入群体住房困难为中心任务，健全城镇住房保障体系；③以解决新市民住房问题为主要出发点，补齐租赁住房短板；④以提高城市基础设施和房屋建筑防灾能力为重点，着力提升城市承载力和系统化水平；⑤以贯彻新发展理念为引领，促进城市高质量建设发展；⑥以集中力量解决群众关注的民生实事为着力点，提升城市品质；⑦以改善农村住房条件和居住环境为中心，提升乡村宜居水平；⑧以发展新型建造方式为重点，深入推进建筑业供给侧结构性改革；⑨以工程建设项目审批制度改革为切入点，优化营商环境；⑩以加强党的政治建设为统领，为住房和城乡建设事业高质量发展提供坚强政治保障。

2018年重要政策法规清单

（一）国务院

《中共中央关于建立国务院向全国人大常委会报告国有资产管理情况制度的意见》

《中共中央办公厅　国务院办公厅关于加强国有企业资产负债约束的指导意见》

《中共中央办公厅　国务院办公厅关于调整国务院国有资产监督管理委员会职责机构编制的通知》

《中共中央办公厅　国务院办公厅关于调整住房和城乡建设部职责机构编制的通知》

《关于统筹推进自然资源资产产权制度改革的指导意见》

《国务院关于必须招标的工程项目规定的批复》（国函〔2018〕56号）

《国务院办公厅关于开展工程建设项目审批制度改革试点的通知》（国办发〔2018〕33号）

《国务院办公厅关于全面开展工程建设项目审批制度改革的实施意见》（国办发〔2019〕11号）

《国务院办公厅关于在制定行政法规规章行政规范性文件过程中充分听取企业和行业协会商会意见的通知》（国办发〔2019〕9号）

（二）住房和城乡建设部

《住房城乡建设部关于修改〈建筑业企业资质管理规定〉等部门规章的决定》

《住房城乡建设部关于印发海绵城市建设工程投资估算指标的通知》（建标〔2018〕86号）

《住房城乡建设部关于印发城市地下综合管廊工程投资估算指标的通知》（建标〔2018〕85号）

《住房城乡建设部关于印发城市地下综合管廊工程维护消耗量定额的通知》（建标〔2018〕84号）

《住房城乡建设部关于印发园林绿化工程消耗量定额的通知》（建标〔2018〕83号）

《住房城乡建设部关于印发仿古建筑工程消耗量定额的通知》（建标〔2018〕82号）

《住房城乡建设部关于印发古建筑修缮工程消耗量定额的通知》（建标〔2018〕81号）

《住房城乡建设部关于印发房屋建筑加固工程消耗量定额的通知》（建标〔2018〕80号）

《住房城乡建设部关于印发房屋修缮工程消耗量定额的通知》（建标〔2018〕79号）

《住房城乡建设部办公厅关于印发2018年工程造价计价依据编制计划和工程造价管理工作计划的通知》（建办标函〔2018〕35号）

《住房城乡建设部关于印发全国园林绿化养护概算定额的通知》（建标〔2018〕4号）

《造价工程师职业资格制度规定》《造价工程师职业资格考试实施办法》（建人〔2018〕67号）

《住房和城乡建设部办公厅关于征求市政工程投资估算编制办法（征求意见

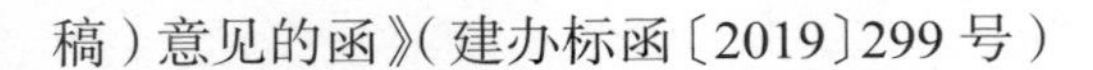

稿）意见的函》（建办标函〔2019〕299 号）

《住房和城乡建设部标准定额司关于征求绿色建筑经济指标（征求意见稿）意见的函》（建标造函〔2019〕66 号）

《住房和城乡建设部办公厅关于重新调整建设工程计价依据增值税税率的通知》（建办标函〔2019〕193 号）

《住房和城乡建设部办公厅关于印发 2019 年工程造价计价依据编制计划和工程造价管理工作计划的通知》（建办标函〔2019〕31 号）

（三）国家发展和改革委员会

《必须招标的工程项目规定》（国家发展和改革委员会令第 16 号）

《工程咨询单位资信评价标准》（发改投资规〔2018〕623 号）

《国家发展改革委投资咨询评估管理办法》（发改投资规〔2018〕1604 号）

《关于推进全过程工程咨询服务发展的指导意见》（发改投资规〔2019〕515 号）

（四）财政部

《关于去产能和调结构房产税、城镇土地使用税政策的通知》（财税〔2018〕107 号）

《关于做好党和国家机构改革有关国有资产管理工作的通知》（财资〔2018〕31 号）

《关于继续实施企业改制重组有关土地增值税政策的通知》（财税〔2018〕57 号）

《关于进一步加强政府和社会资本合作（PPP）示范项目规范管理的通知》（财金〔2018〕54 号）

《关于在旅游领域推广政府和社会资本合作模式的指导意见》（文旅旅发〔2018〕3 号）

《试点发行地方政府棚户区改造专项债券管理办法》（财预〔2018〕28 号）

《土地储备资金财务管理办法》（财综〔2018〕8号）

《中央基本建设项目竣工财务决算审核批复操作规程》（财办建〔2018〕2号）

《关于修订印发一般企业财务报表格式的通知》（财会〔2018〕30号）

《关于推进政府和社会资本合作规范发展的实施意见》（财金〔2019〕10号）

（五）交通运输部

《公路工程建设项目投资估算编制办法》（交通运输部第86号）

《公路工程建设项目概算预算编制办法》（交通运输部第86号）

《公路工程估算指标》（交通运输部第86号）

《公路工程概算定额》（交通运输部第86号）

《公路工程预算定额》（交通运输部第86号）

《公路工程机械台班费用定额》（交通运输部第86号）

（六）北京市

《北京市建设工程招标代理机构管理办法（试行）》（京建法〔2018〕24号）

《北京市建设工程评标专家动态监督管理办法》（京建法〔2018〕25号）

（七）上海市

《上海市发展改革委关于开展政府投资房屋建筑项目可行性研究报告（初步设计深度）审批改革试点工作的通知》（沪发改投〔2018〕271号）

《进一步深化本市社会投资项目竣工验收改革实施办法》（沪社审改〔2018〕2号）

《上海市地下建设用地使用权出让规定》（沪府办规〔2018〕32号）

《上海市工程建设项目审批制度改革试点实施方案》（沪府规〔2018〕14号）

（八）天津市

《天津市城镇供水管网维护管理技术规程》（津建设〔2018〕457 号）

《市管国有企业外部董事管理办法》（津国资〔2018〕12 号）

《天津市国资委监管企业国有资产评估管理办法》（津国资〔2018〕5 号）

（九）重庆市

《重庆市人民政府关于印发重庆市工程建设项目审批制度改革试点实施方案的通知》（渝府办发〔2018〕43 号）

《重庆市人民政府办公厅关于印发重庆市海绵城市建设管理办法（试行）的通知》（渝府办发〔2018〕135 号）

《重庆市人民政府办公厅关于进一步促进建筑业改革与持续健康发展的实施意见》（渝府办发〔2018〕95 号）

《重庆市人民政府办公厅关于推进重大建设项目批准和实施领域及公共资源配置领域政府信息公开的实施意见》（渝府办发〔2018〕28 号）

《重庆市人民政府办公厅关于印发重庆市综合评标专家库和评标专家管理办法的通知》（渝府办发〔2018〕22 号）

《重庆市公共投资建设项目审计办法》（渝府令〔2018〕319 号）

（十）山西省

《山西省住房和城乡建设厅 2018 年建筑节能与科技工作要点》（晋建科字〔2018〕88 号）

《关于进一步做好企业资质和个人执业资格注册行政审批有关工作的通知》（晋建审字〔2018〕38 号）

（十一）内蒙古自治区

《内蒙古自治区人民政府办公厅关于进一步做好公共资源交易工作的通知》（内政办发〔2018〕67号）

《关于加强施工图审查服务工作的通知》（内建设〔2018〕330号）

《内蒙古自治区住房和城乡建设厅关于开展房屋建筑和市政基础设施工程施工现场质量管理标准化工作的指导意见》（内建工〔2018〕357号）

《自治区住房和城乡建设厅关于公布全过程工程咨询试点单位名单的通知》（内建工函〔2018〕1416号）

《内蒙古自治区住房和城乡建设厅关于开展全过程工程咨询试点工作的通知》（内建工〔2018〕544号）

《关于印发〈2017内蒙古自治区建设工程计价依据宣贯辅导〉的通知》（内建工〔2018〕174号）

（十二）黑龙江省

《黑龙江省人民政府办公厅关于促进建筑业改革发展的实施意见》（黑政办规〔2018〕59号）

《黑龙江省住房和城乡建设厅关于精简建设工程企业、工程造价咨询企业资质申报材料有关事项的通知》（黑建审批〔2018〕4号）

（十三）吉林省

《吉林省住房和城乡建设厅关于调整建筑、市政工程安全文明施工费费率的通知》（吉建造〔2018〕1号）

《关于制定我省施工图审查费用结算标准的通知》（吉建联发〔2018〕36号）

《关于加强国有投资建设工程竣工结算管理工作的通知》（吉建联发〔2018〕44号）

《关于开展2018年全省建设工程造价咨询企业专项检查工作的通知》(吉建造〔2018〕8号)

《关于发布2018年下半年吉林省建筑工程质量安全成本指标的通知》(吉建造〔2018〕7号)

《关于建设工程造价数据监测系统统一数据交换标准的通知》(吉建造站〔2018〕6号)

《关于调整建设工程计价依据增值税税率的通知》(吉建造〔2018〕6号)

《关于加强全省建设工程造价信息管理工作的通知》(吉建造〔2018〕5号)

(十四)辽宁省

《辽宁省人民政府办公厅关于进一步激发民间有效投资活力促进经济持续健康发展的实施意见》(辽政办发〔2018〕54号)

《辽宁省住房和城乡建设厅关于调整建设工程计价依据增值税税率的通知》(辽住建建管〔2018〕8号)

(十五)山东省

《山东省人民政府办公厅关于印发山东省工程建设项目审批制度改革行动方案的通知》(鲁政办字〔2018〕184号)

《山东省住房和城乡建设厅山东省发展和改革委员会中国保险监督管理委员会山东监管局中国保险监督管理委员会青岛监管局关于开展房屋建筑和市政工程投标保证保险工作的意见(试行)》(鲁建建管字〔2018〕11号)

《山东省工程建设工法管理办法》(鲁建质安字〔2018〕17号)

(十六)江苏省

《省政府办公厅关于进一步激发民间有效投资活力促进经济持续健康发展的实施意见》(苏政办发〔2018〕4号)

《省住房城乡建设厅关于建筑业增值税计价政策调整的通知》（苏建函价〔2018〕298号）

《省住房城乡建设厅关于发布建设工程人工工资指导价的通知》（苏建函价〔2018〕156号）

《江苏省国有资金投资工程建设项目招标投标管理办法》（省人民政府令第120号）

（十七）福建省

《福建省人民政府办公厅关于推进重大建设项目批准和实施领域政府信息公开的实施意见》（闽政办〔2018〕25号）

《福建省建设工程质量安全动态监管办法（2018年版）》（闽建〔2018〕5号）

《〈福建省园林绿化工程预算定额〉（FJYD-501-2017）定额解释》（闽建价〔2018〕52号）

《〈福建省市政工程预算定额〉（FJYD-401-2017～FJYD-409-2017）定额解释》（闽建价〔2018〕53号）

《〈福建省通用安装工程预算定额〉（FJYD-301-2017～FJYD-311-2017）定额解释》（闽建价〔2018〕41号）

《关于进一步完善定额问题解答与造价纠纷调解有关事项的通知》（闽建价〔2018〕34号）

《工程造价咨询成果文件　质量检查评分标准（2018版）》（闽建价〔2018〕27号）

《关于调整我省房屋建筑与市政基础设施工程计价依据增值税税率有关事项的通知》（闽建筑〔2018〕10号）

（十八）江西省

《关于明确我省装配式建筑工程计价暂行办法的通知》（赣建价〔2018〕2号）

（十九）河南省

《关于征求“河南省住房和城乡建设厅关于加强建筑工程材料市场价格风险管控的指导意见”的函》（豫建标定函〔2018〕27号）

《河南省市政公用设施养护维修预算定额（项目划分征求意见稿》）（豫建标定函〔2018〕22号）

《河南省建筑工程标准定额站关于收集建筑装饰（含安装）、市政实例工程（2016定额）的通知》（豫建标定函〔2018〕26号）

《河南省城市轨道交通工程预算定额（项目划分征求意见稿）》（豫建标定函〔2018〕14号）

《建设项目全过程造价管理技术规程》（豫建设标〔2018〕28号）

（二十）湖北省

《省人民政府关于促进全省建筑业改革发展二十条意见》（鄂政发〔2018〕14号）

《省人民政府关于进一步加快服务业发展的若干意见》（鄂政发〔2018〕10号）

《省人民政府办公厅关于进一步降低企业成本增强经济发展新动能的意见》（鄂政办发〔2018〕13号）

（二十一）湖南省

《湖南省人民政府办公厅关于进一步激发民间有效投资活力促进经济持续健康发展的实施意见》（湘政办发〔2018〕32号）

《湖南省人民政府办公厅关于促进建筑业持续健康发展的实施意见》（湘政办发〔2018〕21号）

《湖南省人民政府办公厅关于进一步激发社会领域投资活力的实施意见》（湘政办发〔2018〕4号）

《湖南省财政厅关于实施PPP和政府购买服务负面清单的通知》（湘财债管

〔2018〕7号）

《湖南省财政厅湖南省地方税务局关于调整我省砂石资源税适用税率的通知》（湘财税〔2018〕5号）

《湖南省城市地下综合管廊工程消耗量标准（试行）》（湘建价〔2018〕212号）

《湖南省建筑工程材料预算价格编制与管理办法》（湘建价〔2018〕129号）

《湖南省政府投资房屋建筑和市政基础设施项目建设期工程造价全过程管理办法》（湘建价〔2018〕61号）

《湖南省住房和城乡建设厅关于调整建设工程销项税额税率和材料综合税率计费标准的通知》（湘建价〔2018〕101号）

《湖南省房屋修缮工程计价定额》（湘建价〔2018〕44号）

《湖南省建筑工程概算定额》（湘建价〔2018〕43号）

（二十二）广东省

《广东省建设工程计价依据（2018）》（粤建市〔2018〕6号）

《广东省住房和城乡建设厅关于报送全过程工程咨询试点经验的通知》（粤建市函〔2018〕3012号）

《广东省住房和城乡建设厅关于广东省建设工程定额动态管理系统和广东省建设工程造价纠纷处理系统试运行有关事项的通知》（粤建标函〔2018〕2738号）

《建设工程政府投资项目造价数据标准》（粤建公告〔2018〕51号）

《广东省城市地下综合管廊工程综合定额2018》（粤建市〔2018〕199号）

《广东省岭南和历史建筑修缮工程综合定额（征求意见稿）》（粤建公告〔2018〕45号）

《广东省建设项目全过程造价管理规范（征求意见稿）》（粤建科商〔2018〕86号）

《广东省建筑信息模型（BIM）技术应用费用计价参考依据》（粤建科〔2018〕136号）

《广东省住房和城乡建设厅关于调整广东省建设工程计价依据增值税税率的通知》（粤建市函〔2018〕898 号）

《广东省绿色建筑与环境工程计价定额（征求意见稿）》（粤建公告〔2018〕2 号）

（二十三）广西壮族自治区

广西壮族自治区人民政府关于修改《广西壮族自治区政府投资建设项目审计办法》和《广西壮族自治区建设工程造价管理办法》的决定（广西壮族自治区人民政府令第 126 号）

《广西全过程工程咨询试点工作方案》（桂建发〔2018〕2 号）

（二十四）云南省

《云南省住房和城乡建设厅关于发布实施云南省 2017 建设工程综合单价计价标准的通知》（云建标〔2018〕30 号）

《云南省住房和城乡建设厅关于印发 2018 年云南省工程建设标准定额工作要点的通知》（云建标〔2018〕46 号）

《云南省住房和城乡建设厅关于调整云南省建设工程造价计价依据中税金综合税率的通知》（云建标〔2018〕89 号）

（二十五）贵州省

《省人民政府关于进一步激发民间有效投资活力促进经济持续健康发展的实施意见》（黔府发〔2018〕5 号）

《省人民政府办公厅关于创新农村基础设施投融资体制机制的实施意见》（黔府办发〔2018〕3 号）

《贵州省住房和城乡建设厅关于调整贵州省建设工程计价依据增值税税率的通知》（黔建建通〔2018〕131 号）

《贵州省全面推行施工过程结算管理办法（试行）》（黔建建通〔2018〕353 号）

《贵州省城市地下综合管廊工程计价定额（试行）（2017版）》（黔建建通〔2018〕123号）

（二十六）四川省

《四川省人民政府办公厅关于促进建筑业持续健康发展的实施意见》（川办发〔2018〕9号）

《建筑业营业税改征增值税四川省建设工程计价依据调整办法》（川建造价发〔2018〕392号）

《四川省住房和城乡建设厅关于进一步明确我省建设工程造价人员管理有关事项的通知》（川建造价发〔2018〕975号）

（二十七）西藏自治区

《国家税务总局西藏自治区税务局关于公布继续执行的税收规范性文件目录的公告》（国家税务总局西藏自治区税务局公告2018年第1号）

（二十八）陕西省

《陕西省人民政府办公厅关于推进重大建设项目批准和实施、公共资源配置、社会公益事业建设领域政府信息公开的实施意见》（陕政办发〔2018〕31号、陕规〔2018〕18号）

《关于调整房屋建筑和市政基础设施工程工程量清单计价综合人工单价的通知》（陕建发〔2018〕2019号）

《关于开展全过程工程咨询试点的通知》（陕建发〔2018〕388号）

《关于转发全国园林绿化养护概算定额的通知》（陕建发〔2018〕22号）

（二十九）甘肃省

《甘肃省建设工程造价管理总站关于工程造价咨询企业资质评审意见的公示》

（甘建价字〔2018〕20 号）

《甘肃省财政厅关于进一步加强政府和社会资本合作（PPP）示范项目规范管理的通知》（甘财经一〔2018〕60 号）

（三十）宁夏回族自治区

《自治区人民政府办公厅关于促进民间投资发展若干政策措施的意见》（宁政办发〔2018〕55 号）

《宁夏建设工程施工合同备案管理办法（修订）》（宁建科发〔2018〕7 号）

《关于调整我区建设工程计价依据增值税税率的通知》（宁建（科）〔2018〕11 号）

《关于定期报送工程造价咨询业务情况的通知》（宁建价管〔2018〕8 号）

（三十一）青海省

《青海省装配式建筑工程消耗量定额与基价（试行）》（青建价〔2018〕8 号）

《青海省住房和城乡建设厅关于调整青海省建设工程计价依据增值税税率的通知》（青建工〔2018〕158 号）

（三十二）安徽省

《安徽省开展全过程工程咨询试点工作方案》（建市〔2018〕138 号）

附录三 工程造价咨询行业与相关行业对比分析

2018 年末，工程造价咨询企业共有期末从业人员 537015 人，期末注册（登记）执业（从业）人员 164488 人，占工程造价咨询企业期末从业人员的 30.63%。其中注册造价工程师 91128 人，占工程造价咨询企业期末从业人员的 17.0%。

2018 年，工程造价咨询行业与其他行业的从业人员基本情况对比分析情况如附表 3-1 所示。

工程造价咨询行业与其他行业从业人员基本情况对比分析表　　附表 3-1

	工程造价咨询行业	工程监理行业	工程招标代理行业	工程勘察设计行业
期末从业人员（人）	537015	1169275	617584	4473000
期末注册执业人员（人）	164488	310670	140223	—
注册执业人员占期末从业人员比重（%）	30.63	26.57	22.71	—
期末专业技术人员（人）	346752	942803	463950	1882000
专业技术人员占期末从业人员比重（%）	64.57	80.63	75.12	42.07

与工程监理行业、工程招标代理行业相比，工程造价咨询行业注册执业人员占期末从业人员总数的比例偏高。与工程监理行业、工程招标代理行业、工程勘

察设计行业相比，专业技术人员占期末从业人员总数的比例处于中段。以上数据表明，在上述4个行业中，工程造价咨询行业从业人员结构相对平稳，随着工程造价咨询行业规模不断扩大，工程造价咨询行业应顺应国际化、信息化趋势，重视人才培养，进一步优化行业人才结构，以人才优势带动工程造价咨询行业高质量发展。

2018年，工程造价咨询行业与其他行业营业收入对比分析情况如附表3-2所示。

工程造价咨询行业与其他行业营业收入对比分析表　　附表3-2

	工程造价咨询行业	工程监理行业	工程招标代理行业	工程勘察设计行业
营业收入（亿元）	1721.45	4314.42	4520.38	51915.2
人均营业收入（万元/人）	32.06	36.90	73.19	116.06

2018年，工程造价咨询企业的营业收入为1721.45亿元，工程造价咨询行业从业人员人均营业收入为32.06万元。通过上述数据可以看出，与工程监理行业、工程招标代理行业、工程勘察设计行业相比，工程造价咨询行业营业收入仍存在一定差距。工程造价咨询行业应坚持多元化发展战略，结合行业发展趋势，在扩大市场规模的同时，不断扩宽业务范围，提高营业收入水平。

2018年，工程造价咨询行业与其他行业利润总额对比分析如附表3-3所示。

工程造价咨询行业与其他行业利润总额对比分析表　　附表3-3

	工程造价咨询行业	工程招标代理行业	工程勘察设计行业
利润总额（亿元）	204.94	478.86	2453.8
人均利润（万元/人）	3.82	7.75	5.49

2018年，全国工程造价咨询企业实现利润总额204.94亿元，工程造价咨询行业从业人员人均利润3.82万元；工程招标代理机构利润总额合计478.86亿元，人均利润7.75万元；工程勘察设计行业利润总额2453.8亿元，人均利润5.49万

元。结合工程造价咨询行业利润水平较其他两个行业低的现状，工程造价咨询行业应坚持管理创新，运用现代信息技术手段促进行业转型升级，充分调动行业从业人员积极性，激发工程造价咨询行业内生动力，进一步提升利润空间。

附录三：数据来源于2018年行业统计公报。